捕捉
百变表情后
的真实人心

微表情

识谎术

左:深沉的笑
右:害羞的笑

凝神思考的笑
右:笑逐颜开

左:木讷
:享受满意的笑

左:炯炯有神
右:微笑

左:闭目养神
右:心事重重

左:冷面
右:一本正经

郭志亮 编著

WEIBIAOQING
SHIHUANGSHU

台海出版社

图书在版编目(CIP)数据

微表情识谎术 / 郭志亮 编著. ——北京:台海出版社,
2012.4

ISBN 978-7-80141-934-7

Ⅰ.①微... Ⅱ.①郭... Ⅲ.①表情–通俗读物
Ⅳ.①B842.6-49

中国版本图书馆 CIP 数据核字(2012)第 026692 号

微表情识谎术

编　　著:郭志亮

责任编辑:禾　月

装帧设计:天下书装　　　　版式设计:通联图文

责任校对:吴　康　　　　　责任印制:蔡　旭

出版发行:台海出版社

地　址:北京市景山东街 20 号,　邮政编码:100009

电　话:010-64041652(发行,邮购)

传　真:010-84045799(总编室)

网　址:www.taimeng.org.cn/thcbs/defauit.htm

E-mail:th-cbs@163.com

经　销:全国各地新华书店

印　刷:北京高岭印刷有限公司

本书如有破损、缺页、装订错误,请与本社联系调换

开　本:710×1000　　1/16

字　数:170 千字　　　　印　张:16

版　次:2012 年 4 月第 1 版　　印　次:2012 年 4 月第 1 次印刷

书　号:ISBN 978-7-80141-934-7

定　价:29.80 元

前　言

　　你驾车赶着赴约,不知不觉愈开愈快。当你从后视镜里看到警车的闪光灯时,才知道自己违规超速。警察拦下你准备开罚单,这下,你不仅迟到,还要收到罚单,此时,你该怎么做?

　　你的孩子放学回家时,带回来一个你从未见过的玩具。他告诉你这是朋友送的,你却不信,担心玩具可能是他"顺"回来的。怎么办呢?

　　有一个新工作的面试机会,你跃跃欲试,但对手也很强,于是你非常紧张,希望能给主考官一个好印象。你可以怎样做呢?

　　……

　　千万不要企图解释你超速的理由来说服警察不开罚单,这只会让双方僵持在罚单上,甚至演变成争吵。面对警察,你的态度一定要服从恭敬;乖乖地下车,用低姿态和警察交涉。你可以强调自己的愚蠢、不负责任,而警察每天要处理这么多像你一样的人闯的祸,是何其辛苦。

　　记着,说话时掌心朝外,声调不要高,以此代表你并无敌意且真心忏悔。请求他原谅你一次,这种情况下,警察可能会扮演起父母的角色,生气地责备但还是原谅了你,最后收回罚单。

　　如果你希望孩子爽快地认错,提问时,别忘了要求他的眼神正视你,缓缓拉近距离并摸摸他,握住他的手,解除他的防备和紧张。这种亲密互动能加深孩子因说谎带来的不安,为了纾解压力他会愿意吐露真相。

　　当孩子承认错误之后,别忘了坦白从宽,夸奖他的诚实。如果父母揭穿谎言后立刻动怒,孩子便会认为说实话不是好事,从此不再愿意认错了。

　　从见到主考官的那一刻,你就必须留意自己的身体语言:微笑并直视对方,如果他回以微笑,表示你有一个好的开始,假如对方面无表情,也不要使自己的焦虑流露出来。请注意眼神的接触,正面响应主考官的身体语言,突破他的防线:他紧绷着脸,你就面露微笑;他姿势僵硬,你就放松,像照镜子一样;记住,别交叉手臂,也不要跷二郎腿;双脚略为平行,正对主考官而坐。双手轻松下垂或置于膝上,眼睛平视,不要乱瞄或东张西望。坐姿稍向前倾可以给人积极的印象,但别太靠近免得造成压迫感,如果注意到主考官不自觉后退,试着放松你的姿势,微微向后。

……

如果你希望给别人好印象,就必须控制自己那些负面的身体语言。在说话时,对自己的手势、姿态保持警觉,避免行为和言语出现矛盾,让别人产生不信任甚至是敌意。

"他今天看起来垂头丧气,连胡子都没刮,是不是跟女朋友吵架了?"
"她说话好嗲,还搔首弄姿,让人浑身不自在。"
"开会时老板一直看着我,对我点头微笑,一定是觉得我表现很好。"
……

你可能不知道,越是"下意识"的表情,越能真实地反映人的本意——这个"下意识",我们就称它为"微表情"。

因此,准确地解读别人的微表情和善用自己的微表情,对于我们了解别人、传递信息和作出准确的判断都是极为重要的。

如何获得成功?每一个人都有过这样的疑问。

每每言及于此,通常能想到的不外乎先天的禀赋和后天的性格、能力、习惯,很少提及一个重要的方面,就是一个人的"微表情"。

任何一个人借助于"微表情"所获得的信息,其中准确部分在全部信息中所占的比例通常高于80%。

卓越的观察能力使你不会错过任何通过肢体语言、面部表情以及其他动作和神情所传递的信息,我们保证你一定会立刻变身为一名占卜师!

不过,我们写作此书的目的并不是鼓励你成为一名占卜师。我们只是想让你知道,你完全可以像那些占卜师一样,解读他人的心思,做出精确的判断。

目 录

CONTENTS

第一章 眉目传情——微表情的点睛之笔 ………… 1

> 婴儿的眼是清澈的,我们由婴儿逐渐长大、变老,有人到五十岁眼神也是澄澈的,有人却风尘入骨,他们经历过什么,不必分辨、解释,经历全写在他们的脸上——
>
> 焦黄的脸是为旧事辗转过的夜;
>
> 下垂的眼睑是狂欢后醒来的下午;
>
> 八字纹提示着无数次争夺与抢掠;
>
> 眼神里的厌倦是欲望冷却后的灰烬;
>
> ……
>
> 俗话说"眼睛是心灵的窗户",在人的脸部,与眼睛离得最近、关系最密切的非眉毛莫属,有人称其为"心灵的窗框"。

相貌不但意味着一种先天的起点，也代表一种后天的修炼，是一个人灵魂的微缩景区，是一个人全部经历的说明书。每个人都是自己的脸的美术指导，要为自己的脸担负全部事故责任。

要养脸，先得养心。

我们举目四望、众里寻他千百度，找的只是一张脸，脸是叶子，是花，提示着那些看不见的部分：灵魂的景象、心的样貌。

美国心理学者奥古斯特·伯伊亚曾经做过这样的实验,让几个人用微表情表现愤怒、恐怖、诱惑、漠不关心、幸福、悲哀这六种感情,并用录像机录下来,然后让人们猜哪种表情表现哪种感情。结果平均每人只有两种判断是正确的,当表现者做出的是愤怒的微表情时,看的人却认为是悲哀的表情。

从微表情窥探他人的内心秘密好像简单,实际上并不容易。

第四章　尽在掌握:利用手掌获得控制权 ··········· 100

你们知道吗? 与他人见面之初的那几下看似无关紧要的握手动作, 却能够预示今后你在与对方的交往中所占据的地位以及你们双方之间权力的归属——

究竟你是能够统揽全局,

还是只能服从对方?

抑或是你将采取强硬手段夺取控制权?

第五章　身体语言,比说话更有效的沟通方式 ······ 130

　　人类学家雷·博威斯特(Ray Birdwhistell)是最初"非语言交际"——他称之为"动作学"——的倡导者。针对人与人之间发生的非语言交流,博威斯特也做出了相似的推断。他指出:"一个普通人每天说话的总时间大约为10-11分钟,平均每说一句话所需的时间则大约只有2-5秒。同时,他还推断出,我们能够做出并辨认的面部表情大概有25万种。"

　　和麦拉宾一样,博威斯特还发现,在一次面对面的交流中,语言所传递的信息量在总信息量中所占的份额还不到35%,剩下的超过65%的信息都是通过非语言交流方式完成的。

第六章 "微"观贵人,修炼一双聪慧的眼睛 ········ 156

> 一个人能否成功,不在于你知道什么,而是在于你认识谁。历史告诉我们,要想快速成功,有贵人的提携是必不可少的。在技术、知识迅速更新的今天,仅靠个人的力量是很难获得成功的。
>
> 每个人都要学会为自己培养贵人储蓄存折,这才能强化个人的竞争力,加快自己成功的步伐,缩短自己成功的路程。
>
> 虽然贵人身上并没有贴标签,我们不能将其一眼认出,但我们可以通过自己的努力,让贵人找上自己。

第一章

眉目传情——微表情的点睛之笔

　　婴儿的眼是清澈的，我们由婴儿逐渐长大、变老，有人到五十岁眼神也是澄澈的，有人却风尘入骨，他们经历过什么，不必分辨、解释，经历全写在他们的脸上——

　　焦黄的脸是为旧事辗转过的夜；

　　下垂的眼睑是狂欢后醒来的下午；

　　八字纹提示着无数次争夺与抢掠；

　　眼神里的厌倦是欲望冷却后的灰烬；

　　……

　　俗话说"眼睛是心灵的窗户"，在人的脸部，与眼睛离得最近、关系最密切的非眉毛莫属，有人称其为"心灵的窗框"。

眼睛——敞开心灵的窗口

　　中国有句古话叫"胸中不正，则眸子眊焉"，就是说眼睛不明亮的人，其心难测。

　　眼睛是心灵的窗户，是顺应宇宙中日月星辰而生，在相学上也有特别重要的意义。

　　文学家们很喜欢通过描写眼睛刻画人物内心的性格，自是这个道理。

　　眼睛是整个面相最重要之处，用以观察人之善恶、贤愚、人格之高尚或卑劣、决断力之快慢、体质之强弱及运气之好坏等。

1. 眼睛的形状透露内心世界

大眼：温柔个性好

眼睛的大小有没有一定的区分标准呢？眼睛的大小不只限于横幅，还包括开启时的上下幅或眼睛瞳孔大小等。大眼睛自古以来就被视为美貌的重要要素之一。大眼睛更表示拥有纯美、温柔的个性。大眼睛的人表现力好，适合从事礼仪、演讲等可以发挥表现欲的工作。不过，大眼睛的人也容易犯过度敏感的毛病，而且爱憎分明的个性也可能令其与人缺乏沟通的空间。而眼大露神的女子，更易陷入一时冲动而发展的感情中，因意气用事而后悔。在此奉劝一句：大眼睛帅哥美女们，对人对事别太主观判断，也学着审慎客观一点。

小眼：敦厚智能好

小眼睛以性格敦厚、朴实内向型者居多，神秘主义者，也很聪明，言行多属封闭型。这种人意志坚定，有时会拘泥于小事而坏了大事。虽说如此，但其细心，有耐性，所以适合从事长期努力的工作，而最后成就了不起的事业哦！在政界或财界有不少成功者都拥有一双小眼，由此可见，有些人的外观并无任何特殊优点，但其内在潜力与实力却可令其一鸣惊人！小眼女性生活平淡，不爱冒险，有点小心眼，会是典型的贤妻良母。而她们的指尖也相当灵活，在时装设计、画报有关或美容方面有不错的发展。另外有一种小眼而眼光闪烁不停者，有潜力成为杰出人物哦——快快从今天开始努力吧！

细眼：仁慈而内向

眼细之人心思细密，观察敏锐，做事有条不紊，极具周详的计划；而且他们仁慈友好，有奉献精神，当然就适合做一些精密性的工作或参谋工作啦！但眼细表现出性格较为内向，遇事没有主见，人云亦云等，对事情也有极端的看法，因而在许多时候不能及时采取行动，错失一些良机。而且很多时候，他们感情比较脆弱，可能因为他们想得太多，而显得有点神经质，疑心重吧。所以，眼细的朋友，应多磨练自己的承受力，这样面对事业和感情会有很大助益。有时也要以自己为中心，解放一下！

白眼：城府深、性格躁

黑眼珠偏上或偏下，由眼珠的上面或下面都可以看到眼白的眼睛。白眼的这些人有才华，脑筋也转得很快，城府较深，善用谋略。在社会上可以取得一定地位。

白眼分上三白眼和下三白眼：上三白眼——眼珠上方露出眼白，是经常以自我为中心的人，非常神经质，暴躁易怒，喜欢攻击别人。通常来说，有上三白眼的人，自卑感特别重，对别人的批评很敏感，经常会往坏的方向想，犯罪倾向也比别人强。奉劝一句：要修心养性啦！

下三白眼是指眼珠下方露出眼白——也就是眼珠上吊，眼下露白的人，通常是有自信的人，性格好强，胆大，生活物欲很强，一旦决心做一件事，都会排除万难进行到底，但任性冷漠，经常言行不一。而且他们比较不去体会别人的感受，也很神经质，疑心重，嫉妒心强，固执。具白眼的人如果多把眼珠往上移或往下移，养成习惯，给人的印象还是会变好的。

凹眼：有才华警觉高

眼眶深，眼珠陷入之人，较有才华，理解力强，警觉性高，思虑周密。他们看事情能透过表象看本质，理性较高，可以冷静分析，而显得莫测高深。比较诚实，做事也能坚持到底。个性好沉默，不爱多讲话，拙于表达自己的意志，因此不适合于从事人际关系的工作。但对繁琐的工作可以不厌其烦，是脚踏实地的实干家，也因为肯干，所以只要时机一到便能开花结果，晚年运不错。他们的缺点是做事较慢，而且脾气不太好，比较注重自己的和眼前的利益。由于理想较高，名誉、婚姻、钱财、人缘方面就需要多多努力才能达到要求啦！

凸眼：乐观善良

心地善良、开朗乐观是这种人的特性。眼球凸出就生理上而言，是因为眼球后面说话神经发达之故，所以这类人善于交际，表现得比较健谈。他们有冲劲且做事尽心尽力，但却犯丢三落四的毛病，心思显得飘浮不定，给人反复无常，唠里唠叨的感觉。个性急躁，有些神经质，经常会没事找事自我折磨，所谓天下本无事，庸人自扰之，就是这一类人。

这类女孩子谈起恋爱，会特别表现出一份有点兴奋期待，又有点担忧烦乱的情绪。恋爱中的男孩子可能不明白她为什么匆匆忙忙地赴约，约会过程时又好像心不在焉似的答非所问，分别时匆匆离去，好像落荒而逃般。其实，说穿了她自己也搞不清自己的情绪，把自己弄得有点无厘头。这种眼相的女孩缺少眼神的灵动力，要男孩子喜欢不是一件容易事哦，所以快快修正自己，别再神经兮兮的了！

圆眼：率直，人缘佳

圆眼之人生性大大咧咧，开朗、率真、直爽，为人也是表里如一。人缘极佳，领悟力强，兴趣广泛，擅于思考。做事积极认真，简单武断，感觉敏锐，深得旁人的喜爱！当然了，人无完人，生有圆眼的人，比较容易受到外界条件的诱惑，一旦受到诱惑，就会把持不住自己。这种人自尊心极强，又常有自以为是的倾向——虽然你有很多优点，但也应该找出自己的缺点，而让自己变得更加完美哦！

眼尾皱纹：多藏愁思

眼尾有多条皱纹的人，这种人心里总是烦东烦西的，感情生活起伏不定，工作也难尽如人愿，所以相对于别人来得漂泊不定。而他们有时候也未免想得太多了，神经兮兮的！而且，他们可能是一心只望跳龙门的类型，虚荣心较强。由于其较为强烈的自我表现欲和追求表面的浮华，使人生的欲望体现得非常强烈。比较唯我主义，自私自利，自我控制能力又比较薄弱，伦理、道德观念不够强，没有责任心。这种类型的人或许在身体健康方面有些问题，要注意身体了。

单眼皮：有主见，意志强

单眼皮的人，做事积极主动、沉着冷静，意志力较一般人强！个性上很有主见，做事方面判断力也强，能吃苦耐劳，受挫和耐力承受指数高。不会出现见异思迁或是虎头蛇尾的状况。但同时单眼皮的人又是比较内向，沉默寡言，而且自尊心过强，疑心较重，同时也有懦弱的一面。在人际关系方面，由于他们有些顽固，自我意识太重且好强，而容易导致与人发生分歧，引发人际关系紧张，与人意见不合。单眼皮女孩子内质比较害羞,而且比较向往细水长流的感情,所以要追她们,一定要持之以恒,不要半途而废,因为耐力也是她们考验你的一个项目。

双眼皮:热情开朗又大方

双眼皮之人性格开朗、大方、坦诚、热情,感情指数很高,爱美也爱花钱。特质是:他们头脑也较灵活,应变力强。眼睛看起来虽好看,但是做事缺乏毅力、耐性,也很情绪化,总是三天打鱼,两天晒网,以三分钟热度来做一件事,难以贯彻到底,容易改变既定的计划或原则,这点要改进哦!而女性则好打扮,追赶潮流。无论男女,都较感情用事。

双眼皮按眼睑的长与圆分两种情况:眼睑长的双眼皮属于感情丰富而脆弱型,不太经得起打击、挫折,缺乏毅力及持久性;眼睑圆的双眼皮即眼睑之中央部位愈向上者愈呈圆形状,这种人个性开朗,天真活泼,不过他们可能很容易受骗,还是小心点好。

还有一种很少见的类型,就是眼皮一单一双的人,他们个性比较自我矛盾。往往自己决定了一件事,到大家通过了,而最后否决的又是他自己,真有点莫名其妙。你们做事之前请应先定个目标或标准吧,这样才不至于老是三心两意啊。

多眼皮:感情丰富

眼皮多层,表示这些人感情比较丰富,作为他们的朋友,必定被他们所重视,而且可以深交且长久。而作为不熟的朋友,他们也是待人亲切,讨人喜欢。但有一点就是个性比较敏感和冲动,往往看到别人背后议论就会多心,会八卦地跑上去询问,又冲动地发表意见。总之一句话:眼皮内双的人,感情面和理智面可以协调平衡,为最佳眼皮,是值得交往的朋友。

眨眼:自卑缺乏安全感

不停眨眼的人,有些自卑,往往是缺乏信心与安全感的表现,可能是从小比较缺乏父母的疼爱,在学校时成绩也不突出,工作上没有什么很好的表现,对自己的信心难免不够。又或是心虚不安,可能私下有什么小秘密不为人知,或做了什么违背良心的事。由于眨眼给人印象不好,所以这种人没有什么知己,和朋友的关系也难以长久。也有可能是患了神经衰弱症。当然,如果对人对事主动勤奋,做出一点成绩的话,自然而然就会对未来充满信心,就可改掉这个眨眼的毛病了。

眼距窄目光准马上干

两眼间距离较窄,即两眼间呈现太靠近的目相。这种人说做就做,省去不必要的犹豫,是实干家,而且他们目力很好,看东西较准。不过,一般来说他们比较内向,心胸比较狭窄,性情急躁,经常闷闷不乐,过于忧虑。目光不够长远,缺乏远见卓识,凡事总是看重眼前利益,不太会去想以后的事。性格上嫉妒猜忌心重,爱计较。此种人事业不易成功的最大因素,是因为他们做事喜欢变来变去,不太能持之以恒。记住了——有恒为成功之本!许多事情需坚持下去才可以看到成果,如果中途放弃,那不是太可惜了吗?!

眼距宽心胸广包容力强

两眼之间的间距以一只眼睛的长度为最理想目距。两眼距离较宽的人,视野较广、心胸广阔,为人也很温和,相比来说获得机会比一般人或早或多。而且他们包容性强,很少会与人发生争执,所以人际关系相当不错,也容易讨人喜欢!不过,如果两眼过宽,则太懦弱,胆小怕事,处事不积极,俗话说"笨鸟先飞早入林",总是跟在别人后面,做事总比别人慢几拍,往往会给人留下消极怠工的印象。同时,因为没有耐性、缺乏信心,他们往往迟疑不决。

瞳孔大温和且平易近人

眼睛的瞳孔看起来比较大的人,令人感觉炯炯有神,非常舒服,就算不是帅哥美女,也会不自觉被他的眼睛所吸引!他们多是性情温和,待人接物平易近人,与世无争的类型。这种人生活朴实,对别人关怀、体贴,他们向往建立温馨的家庭,上下和睦。这种人不但对家人体贴关心,而且在工作方面也十分出色,人缘极佳又有适应力,所以能够更好地把握机遇。

瞳孔小竞争心强，适应社会

瞳孔长得较小的人，是一个自我意识极强的人，比较自私，缺乏感性。脾气也很倔强、固执。但这种人的竞争意识很强，无论学业与事业，都会把自己投入到"斗争"中，而且好胜心较强，不会轻易服输。因此会不顾一切地发挥自己的全部精力，很适合独立行事，也很适应当今社会的竞争步伐！

如果为人较圆滑，人际关系处理得不错的话，还可以在事业上更上一层楼！

斜眼多贪得无厌

眼睛斜视的人，给人的印象不太好，因为不知道的人会认为这种是蔑视的表现！有一种天生斜眼的人，是遗传自己父母，这一种人可以通过一些目力训练让自己的斜眼有所改善。还有一种是后天形成的，一般来说来这种人都比较贪婪无厌，因为他们老是"吃着碗里的，望着锅里的"，所以眼珠就难免会溜走啰！要不就是他们存心不良，你不见电视上的小偷不都是这种斜视的吗？大凡窥视他人财物的人就有此相。所以在公车上看到这样的人，可要小心在意啦，不要等他偷走你的东西才后悔莫及！女性眼睛斜视，又反顾的人，为人较变幻莫测，对婚姻较为不利。还是让自己的眼睛端正起来吧！

外角如刀裁做事认真有才能

眼尾之外角如刀裁，表示这类人颇有才华，能文能武，感情细腻而丰富，做事较认真负责，能洞悉人心，且才思敏捷，善于写作，个性宽宏儒雅，办事面面俱到，如是女性的话，可是贤内助哦！一生定有所成。眼睛的内角，像鸟嘴般尖钩的人，记忆力好，可胜任许多不同类型的工作！

泪水眼：会主动追求感情

眼睛长期好像泪水汪汪一样，的确是挺讨人喜爱的哦，特别是女孩子，由于她们长相善良、甜美，与异性特别投缘，可能很小就已经涉入男女的情谊之中,或是早恋。而她们是属于感情丰富的人,喜欢的人,会去主动接近,有时大胆的方式可能与她外表的端庄不太相像哦。而感情丰富的人也会有早熟的倾向,如果说他们的恋爱经验丰富,可不是一件令人惊奇的事。总的来说:他们的感情世界非常丰富,如果有感情空缺的状态,他们会积极找朋友来填补。特别是女孩子,可能因为她们的主动而吓跑了一些男孩子,其实她们也不过是过分热情罢了。所以,泪水泛滥的女孩们,可要学会含蓄一点,与其主动接近别人,不如让别人主动接近!

桃花眼:异性缘极佳

眼睛充满了笑意,下眼皮的中央上扬,呈现弯月形的眼形,就是所谓的桃花眼了。生有桃花眼的女孩子可真会放电!可能她们本身并不是刻意这样,不过,她们的眼睛实在太容易逗人了,所以才会出现此种情况。这类眼形的人异性缘极佳,太多人追求的情况下,很难不在感情的世界中转来转去,要是一个不留神,很容易落入别人的陷阱中,所以切记小心小心。偏偏生有桃花眼的女人,多是随和亲切,对人防范心不大的人。其实她们社交能力不见得很强,而且不懂怎样去拒绝别人,叫她们自我表白,那就更加不擅长了。她们自己也想不清楚自己的立场,所以很容易受到别人的诱惑,一旦遇到不会处理的事情时,她们可能就随便答应了别人的请求,真是善良得有点"傻冒"!诱人的桃花眼,请学习一下自我表达,学会说"不"吧!这样才能让自己活得自在一点,也减少了不必要的纠缠。

三角眼:好凶斗狠的角色

具备三角眼的男生或女生,可能都是凶狠狠的角色,给人一种强压迫感。因为他们性格较凶,可能给别人感觉不太好。基本上,好强、斗狠、不服输这些性格是他们的写照,有时他们的心思会比较钻牛角尖,有"宁为玉碎,不可瓦全"的偏激思想哦,多吓人哪!不过,有这种眼相的人,也有可能会成为像曹操那样的枭雄!而此眼相的女生,结婚之后可能会凌驾于丈夫之上,会欺负人哦。奉劝一句,让自己心境静下来,别再那么凶啦,会吓跑身边的朋友甚至爱你们的人哟!

凹型的重眼人:性格执拗不服输

眼睛小或凹下深邃就叫重眼,这种眼大部分来自遗传,大多山地人具有这样的目相。眼小也代表视野较窄,所以性格会比较执拗,猜疑心重,思想保守,有自私心。不过他们倔强,做任何事绝不轻易放弃,处处不服输。他们比较适合做一般性的工作,因为他们对无聊的工作也可以持之以恒,有耐心,有毅力,而且很热衷于工作。或许他们小时候清贫,艰难,运气也比较不济,不过,由于他们意志坚定,工作努力,所以在晚年也可以得到相当的回报。

城府深的大小眼

大小眼又称雌雄眼。有着左右眼大小极端不同的眼睛的人,很有才华!善于策略。这些人头脑反应相当敏锐,城府很深,是很有野心的人。处世手段高超巧妙,外表和内心的想法可以完全不一样,是比较狡猾的人。另一方面,他们个性喜怒无常,经常会自我矛盾,内心自卑又倔强,感情生活或事业容易起伏不定。不过他们的金钱运不错,赚钱可是很有办法。女性的话,好胜而有才华,表面功夫相当漂亮,可以随心所欲地控制他人,隐瞒自己的缺点。而且雌雄眼的人,多有可能再婚。大概而论:男人左眼大,易与父亲、妻子不合,在家有大男人主义;男人右眼大,与母亲较无缘,而且比较怕老婆哦,但除了妻子以外,对其他的女人都很用情,就是那种无法拒绝女人的男人。女性如果左眼大右眼小,比较惧怕丈夫,常会为丈夫而疲劳奔波。总的来说:左大右小比较好,财运佳,怕老婆的可以获得贤内助。

眼尾上翘富有持续力

百分百十分机智的人!而体力、耐力也很强,所以凡事一旦立定目标,就会勇往直前,不达目标,誓不罢休!这种人很少受外界的干扰和诱惑,可以冷静处事,并以坚定的信念贯彻始终。如果是女孩子,她们在男性的爱情上始终拿不定主意,总是担心这担心那,对一段感情缺乏安全感,会很容易产生妒忌心,于是原有坚定的爱情也会慢慢地自行破裂而直至消失。所以,眼尾翘的女孩们,千万不要再疑神疑鬼了!

眼尾下垂撒娇有小聪明

眼尾向下垂的人,很有点小聪明,如果他们从小接受良好的教育,有高洁的品德,则会成为社会上的成功人士;他们与人交往会获益良多,可以从朋友那里得到帮助,在工作受阻时也可以得到贵人的帮助而逢凶化吉,是一种好面相。但如果他们的童年并不太顺遂如意,那么会造成他们有点反叛心理,对人总有戒心,不会尽信别人。如果是从商的话,会只顾自己谋私或损人利己。也有人认为这种人有好色之相,是借女性弱点来献殷勤的"女性公敌"。如果是女孩子,她们的性格温柔可人,爱撒娇,又顾家,是典型贤妻良母型的女子。

2. 眼睛的非语言行为——放大的瞳孔出卖了他的"不"

老刘是一家IT公司的销售主管,这些天正在与一家大公司谈判,谈判的对手相当难应付。对方一而再、再而三地要求把整体价格降低5%,还威胁老刘,如果不打折,就不和他们合作,而是找另外一家强劲的对手。

老刘心里有点打鼓了,毕竟现在的市场竞争相当激烈,能够谈下来这么一个大单着实不容易,如果坚持不降价,恐怕这笔生意做不了,如果降价,对于自己公司来说无疑是一个很大的损失。正当老刘犹豫是否要妥协的时候,一同参与谈判的销售副总却斩钉截铁地告诉对方不降价,还摆出一副爱搭不理的表情。最后的结果让大家大跌眼镜,这张大单竟然被拿下了。

为此,公司还特意举办了一个庆功会。老刘对副总的胆识表示十二分的钦佩。副总笑着说:"说实话,我真没有那么大的胆识,光靠胆子,什么生意也得亏,什么单都拿不下来。"老刘有些诧异:"那我就不太明白了,如果不是您的气场压住了对方,他们怎么会采纳我们的方案,跟我们合作呢？您是不是有内线啊？"

"也可以这么说。不过我用的内线可不是那种商业间谍。我用的是对方的身体。可能你没有注意到，就在跟他们第一次洽谈业务的时候，他们就已经对咱们的项目很感兴趣了。那时候我仔细观察了他们的反应。对方看我们的项目的时候，眼睛越来越亮，瞳孔放大。当时我就断定，这次我们一定能够吃定他们。果然，在我坚决不退让的情况下，他们乖乖地就范了。他们说的另外一家公司，不过是一个幌子，其实他们非常害怕失去我们。"客户嘴里说着"不"，心里想的可能恰恰相反，与其听他怎么说，不如用心观察他有什么表现，比如放大的瞳孔会告诉你真正的答案。

原则上，人的瞳孔在黑暗的地方会放大，在明亮的地方会缩小。随着研究的深入，一些心理学实验结论证明，人的瞳孔不只受光线强弱的影响，心理状态的变化也会使瞳孔放大或缩小，比如说一个人看到他喜欢的事物，瞳孔就会放大，哪怕脸上仍挂着一副若无其事的表情，瞳孔也会出卖他，暴露出他的真实态度。在面对客户的时候，灵活运用这个诀窍，你也能够成为一个未卜先知的"相士"了。

美国心理学者爱德瓦斯·海丝曾做过这样一个很有趣的实验：他选择了男女两组被测试者，分别给他们放映五张幻灯片，五张幻灯片的内容有婴儿、怀抱婴儿的母亲、男性裸体照片、女性裸体照片和风景画，并对实验者的瞳孔进行摄影记录。结果显示瞳孔放得最大的是看异性裸体照的时候，瞳孔放大20%，而且男性和女性瞳孔放大的程度没有分别。

爱德瓦斯·海丝的实验表明，这种瞳孔的放大和缩小，虽然只是微小的身体动作，但却能通过这种变化非常准确地判断出一个人的心理活动及其变化情况——当感觉神经受刺激，或在强烈的心理刺激下，比如兴趣或追求动机，瞳孔就会迅速扩大，这种反应在心理学上被称为心理感觉反射。那位公司副总之所以能够断定对方对自己的项目感兴趣，就是因为他从对方的瞳孔变化中，获得了对方已经受到了一定的心理刺激这样的确定性信息。

不仅如此，呈现在一个人眼前的美食也会让人瞳孔扩张，如果一个人饥肠辘辘,见到美食的时候瞳孔的扩张会更厉害。心理学家还发现,除了视觉刺激,其他感官刺激也会引起瞳孔的变化,比如当人聆听心爱的音乐或品尝美味饮料的时候,瞳孔同样会出现扩大的反应。而在一个人感到恐怖、紧张、愤怒、喜爱、疼痛的时候,瞳孔也会扩大;而一个人在厌恶、疲倦、烦恼的时候,瞳孔则会缩小。

众多的心理学研究表明,瞳孔变化可以确确实实地反映出一个人的某些心理,据说,一些古代波斯的珠宝商人在出售首饰时,会根据客户瞳孔的大小来要价,如果客户见了他带来的熠熠生辉的钻戒,瞳孔扩张,他就会把价钱要得高一些。

如果客户的瞳孔放大,表示传递出来的信息是正面的,这表示他喜爱、快乐或者兴奋,这种表现有利于推销工作顺利开展;反之,瞳孔缩小,所传递出的信息就是负面的,表明客户此时处于消极、戒备甚至是愤怒的状态。

通过观察瞳孔的变化规律,可以测定一个人对某种事物的兴趣、爱好、动机。这是因为瞳孔的放大或缩小完全是无意识的,难以掩饰。甚至,当一个人感到愉悦、喜爱、兴奋的时候,他的瞳孔会扩大到比平常大四倍的状态。

"褒贬是买家,喝彩是闲人",总是有一些人,喜欢对你的产品不吝褒贬之辞,不是嫌产品款式多么陈旧,就是说产品颜色多么老气,要么就说产品价格多么昂贵。面对客户的时候,不要只管他怎么说,一定要先看看他的瞳孔有没有什么变化,再作决定。

当客户这样说的时候,如果他的瞳孔放大,表明他在撒谎。如果他提出一些附加条件,或者一些理由,拒绝和你达成交易,一定不要轻言接受,这只不过是他的借口。你一定要坚守住自己的阵地。如果有必要,可以给自己的交易行为加一些筹码,比如官方质量认证、销售业绩、第三方使用证明等,彻底说服客户。

眼睛被称为心灵的窗户,所以,通过观察这两扇窗户,一定能感知一个人的情感或思想。虽然歌词中常出现"你说谎的眼神",但是这也从侧面说明,我们的眼睛的确能表达出大量有用的信息。

消极的眼部动作

当我们被激发时,或是突然遇到什么让人吃惊的事情时,眼睛就会睁大——不只眼睛宽度增大,瞳孔也会迅速扩张。这样做的目的是,最大限度地吸收光亮,从而向大脑输送足够的视觉信息。

然而,一旦我们对这些信息做出处理,或对它们做出消极的认知,瞳孔就会立即收缩。通过收缩瞳孔,我们能够精确地将面前的一切聚焦到眼前,这样,能看得更清楚,从而有效地保护自己。

1989年,美国FBI抓住了一名间谍。他很合作,但不愿意供认自己的同伴。为了忠于自己的国家和人民,他做好了自我牺牲的打算,这让FBI无从下手。FBI必须尽快找出这个人的同伙,他们仍对美国构成了很大的威胁。被逼无奈,情报分析师马克·瑞瑟建议,也许可以通过非语言行为收集所需要的信息。

FBI向这位间谍展示了32张卡片,每张卡上都写着一个与他一起工作过的人的名字——这些人很可能是他的同伙,并要求他看每张卡片的同时讲述他所知道的情况,其实,FBI对他所讲的内容并不感兴趣,因为知道他肯定不会说出真相。

FBI关注的是他的非语言信息。当他看到两个人的名字时,眼睛突然睁大,然后瞳孔迅速收缩,并轻轻地眯了一下眼。显然,在潜意识里,他并不希望看到这两个人。这成了FBI唯一的线索。最终,这两个同犯被找到了,并在审问后供认自己参与了此次犯罪活动。直至今日,那个间谍依然不知道FBI是如何找出他的犯罪同伙的。

几年前,朋友和女儿一起散步时遇到了一个女孩。女儿朝她低低地挥了挥手,同时轻轻地眯了一下眼。朋友猜想她们之间一定有什么过节,于是问女儿她们是怎么认识的。她告诉朋友,她们是高中同学,曾经吵过架。她挥手是出于礼貌,而眯眼则出卖了她的消极情绪和厌恶感(积蓄了七年的情绪)。朋友女儿并没有意识到自己泄密了,而在朋友眼里,这些信息就像灯塔一样明显。

同样的现象还会发生在商务活动中。如果你的客户突然眯起了眼睛,说明他们在某个方面有所疑惑,正在做思想斗争。

其实,人在受到拘束时不只会眯起眼睛,还会在自己的眉毛上做文章。弓形的眉毛表现的是高度自信和积极的感觉(这是一种背离重力的行为)。而压低的眉毛则通常表现的是低度自信和消极的感觉。有研究表明,罪犯会通过在新狱友脸上寻找这种面带困惑、压低眉毛的表情,以判断哪些人比较软弱或不安。

积极的眼部动作

表达积极情感的眼部行为很多。小时候,当我们看到妈妈时,眼睛会显示出一种舒适感。在出生后的72个小时里,孩子的眼睛会一直追随着自己的母亲。当母亲走进房间时,孩子的眼睛就会睁大,以此表明自己的兴趣和满足。同样,慈爱的母亲也会睁大眼睛。这时,孩子会一直注视着妈妈的眼睛,好从中获得些安慰。睁大的眼睛传递出了一种积极的信号,它们说明这个人正在观察一种令他舒适的人或物。

瞳孔扩张表达的是一种满足感,或其他一些积极情感。这种情况下,大脑仿佛在说:"我喜欢现在看到的东西,让我看得再清楚些吧。"

当人们因为看到某人或物而由衷地高兴时,他们的瞳孔就会扩张,眉毛会上挑(或弯成弓形),眼睛会睁大,从而让眼睛显得更大。另外,有些人还会竭力睁大自己的眼睛,这种表情通常被称作"闪光灯眼"。

3. 神奇的"目光语"——注视的方位不同反映的态度也不同

张瑞是一位汽车推销员,在一次汽车展销会上认识了一位高级经理。两个人谈了很久,而且互相留下了联系方式。

展销会结束的第二天,张瑞就打通了那位高级经理的电话,简短的自我介绍之后,对方说很愿意和他聊一聊,于是彼此约定了一个见面时间。

到了约定的那天,张瑞收拾妥当准时出发,去拜访这位潜在客户。到了客户公司,很不巧,对方说刚刚接到了妻子的电话,说家里孩子病了,需要马上回家安排,并且连声说着抱歉。虽然张瑞心里有些不痛快,但脸上一点儿都没有表现出来,而是很客气地感谢客户能够给他这个机会见面,还说可以再约时间面谈。这时客户的手机又响了——是他妻子在催他。客户说了两声再见,就匆匆忙忙地走了。

张瑞正要离开的时候,突然发现那位客户的同事正在浏览汽车图片,他灵机一动,这会不会成为自己的潜在客户呢?想到这儿,他立即走过去,对那位客户的同事说:"您好,我想您可以看看我们公司的汽车,这里是一些资料。"

这位潜在客户当即表示拒绝,他说自己马上要出去办事。张瑞说:"先生,只需要占用您五六分钟的时间,我也可以把东西留在您这儿。"说完他同时迅速拿出几款男士比较喜欢的车型图片,让对方看。张瑞发现潜在客户的目光停留在了一款小型家用车上,而且已经拿起来的皮包又放到了桌子上,对方一边看一边坐了下来。张瑞心中暗喜,看来对方已经对那款车产生了浓厚的兴趣,接下来只要自己趁热打铁地展开推销就行了……如果客户的视线锁定在你或者产品上,说明他至少已经产生了兴趣,表明了基本的欢迎态度,但这不是最后的结果,还需要你进一步"添油加醋",让客户的态度从犹豫彻底转变为确定。

虽然张瑞的潜在客户嘴上说着要离开,但看到产品图片的时候还是被吸引了,目光注视、放下包、坐下,这一系列的动作都说明了这个潜在客户的真正态度——汽车图片打动或者吸引了他。

在人与人的沟通过程中,通过观察人的视线方向,往往能够透视这个人的心态。比如说,当一个人面对异性的时候,如果只望上一眼便故意移开视线,往往并不代表这个人对对方不关注,恰恰相反——他对对方有着强烈的兴趣。在生活中,有些人会有这样的经验,在火车或公共汽车上,上来一位年轻貌美的女性,几乎所有人的眼光都会集中到她身上,但那些年轻的男性往往会在一瞥之后很快把脸扭向一旁——这不是他们不感兴趣,而是基于强烈的压抑作用而产生一种自制行为。之后,如果他的兴趣欲望增大,便会用斜视、扫视来偷看。这是由于想看清对方,却又不愿让对方知道自己的心思的缘故。

所谓"眼正心正,眼斜心邪",通常在人际交往场合,彼此交流的时候应该认真地看着对方的眼睛，而且跟谁说话，就要看着谁，以表示自己对跟自己讲话的对象抱着一种很认真的态度。敢于和对方对视，是因为自己心正，说的是肺腑之言，说的是事实。这样还可以表示你对对方是尊重的，看得起对方，而且也表示你正在认真地倾听，非常体谅和理解对方。这样，两个人才会建立起一种信任，愿意花时间倾谈。

但有的时候，人与人之间交谈，并不总是彼此对视。特别是对方心有所想的时候，更是如此，往往会不看对方，甚至是避免看着对方。

如果客户的眼睛没有看着你，可能是一种逃避对方质疑的行为，故意转移视线，以转移话题。比如说，客户说到不想和你签单的时候，会转移视线，这样能够避免你的种种质疑，比如"你都说了，我的产品如何如何好，你为什么还不买呢"、"你们公司这么大，每年的采购预算上千万，怎么说预算不够"、"你是公司一把手，说了怎么会不算"。他这样做往往是希望你能够知难而退。

对方在和你说话的时候，如果眼睛不看着你，还有一种心理状态就是在身份地位上瞧不起你，因此才看着别的地方，相当于无视你的存在。这是一种非常冷酷的不礼貌行为，本意就是直接让你知道对方不尊重你，对你冷漠，让你自卑，让你不愉快。这种客户往往说着说着就可能自顾自地走了，把你一个人留在办公室里。

与人说话，眼睛不看着对方，另外一种心理状态就是自卑，总是关注自己的一大堆缺点，不明白自己也有着很多的独特优势。于是，自认为强势的你站在他的面前，他会由于自卑，眼睛向下，不敢看着你。当然了，那种坐在大办公桌后面的客户，是很少由于这个原因不和你对视的。

还有一种情况，就是客户在说谎，这样自然就不敢跟别人对视。客户在接待推销人员的时候，总会编造各种各样的谎言，企图打消你的推销意图。但他们总怕你从中找出破绽，毕竟他们的谎言很少高超到天衣无缝，因此往往不会和你对视，以免你看出其中的不真诚，不过客户游离的目光，却恰恰出卖了他，明白地告诉你他在说谎。当然了，一个人撒谎的时候有很多种表现，有的时候客户死死地盯着你，也可能说明他在撒谎，只是强装镇定，不想让你从他的眼神里读到这种信息。

透过人的视线,往往能够窥探出这个人的内心活动。人们在社会生活中,内心有什么欲望或想法,几乎都会在视线上表露出来。因此,懂得透过视线的活动了解他人的心态,对于经常和陌生人打交道的销售人员来说,就显得非常重要了。

可以说,视线的交流是良好沟通的前奏。你可以从不同的角度和观点来观察一个人的视线,你首先应该确定对方是否在看着自己,然后了解对方的视线活动方式,比如对方直盯着自己或视线一接触马上移开,两者的心理状态迥然不同,再者要观察对方是否以正眼看着自己,他的视线的位置,比如由上往下看,还是由下往上看等,最后还要注意观察对方的视线集中程度,判断对方是否在专心致志地看着自己。

如果对方跳过你,眼睛看远方时,表示对你的谈话不关心,或者此时他正在考虑别的事情,或者他此刻正在盘算着如何才能使交易对自己更加有利。如果你的客户凝视一点或者眼神的焦点不变,最好不要把大量的货物给他,因为对方可能支付不了货款。这时候,你可以毫不客气地问他有什么烦恼的事情,可以共同解决,以从对方口中探知原因。如果对方神情慌张地说没什么事,你应该适时中断洽谈,告诉他以后再谈。

如果对方斜视着你,往往表示他心底的拒绝、藐视。比如,两个竞争对手见面,往往就会因为市场上的正面交锋,相互侧目斜视。客户这样看着你,说明他可能不信任你和你的产品或者你的公司,总的来说就是你没有打动他。

不过,有一种情况属于例外:如果客户斜视的时候眉毛微微上扬或者眼神微微含笑,表示的意思则大为不同,这说明对方对你怀有兴趣。遇到这种情况,你一定要鼓起勇气和他交谈,不要害怕客户会找什么理由拒绝,如果他真的感兴趣,就算他找理由,只要你一一排除,同样能赢得他的心。

丰富多变的目光语,比语言更能透露我们内心的秘密。心里高兴时,眼睛会眯成一条线;内心疑惑时,眼睛会眨个不停;感觉吃惊时,眼睛会瞪得很大;不屑一顾时,眼睛会避免看对方或只做斜视;等等。

目光语不仅丰富多样，而且适用于任何一种场合。懂得目光语，有助于我们迅速看透人心，应用目光语，有助于我们顺利达成目的。下面我们就以各种场合为例，来探讨各种目光语的内涵及使用规则。

日常交际

表示礼貌

与人交谈中，要看着对方的下巴；听人说话时，要看着对方的眼睛；被介绍与他人认识时，只能看着对方的面部，而不能上下打量对方。

表示倾听

要看着对方，不可东张西望，更不可以频频看表。

表示恳求

当有求于他人，等他人回答时，眼睛宜略朝下看，即俯视，这样可以让你显得更加诚恳。

表示打断

想要对方快点闭上嘴巴，可以将目光转向他处。相反，如果是希望对方继续说下去，则可以将散漫的目光收回，重新集中到对方的脸部。

表示未知

如果知道对方有烦恼的事，与之打招呼时要避免与其目光相撞，否则对方会以为你发现了他心里的秘密，而这可能会让他感觉不舒服。如果对方身上有缺点，也要使目光尽量避开这些缺点，否则对方会很反感，而且一旦对方有了反感的情绪，即便你再予以赞美，也会给人以做作、虚伪之感。

表达逃避

谈话时长时间不看对方通常被视做一种失礼行为，同时也容易被理解为是在躲避，这意味着你企图掩饰或心里隐藏着什么事。如果你不希望对方这样猜测你，那就要避免使用这种目光语。

表达抗议

内心不服气或有愤怒之情，并且希望表达出来时，一定要直视对方的眼睛，这样才能给对方以压力，达到最佳抗议效果。

正式谈判

表示公事公办

想象对方的脸上有一个三角形,这个三角形以双眼为底线,以前额发际为顶点。在正式谈判时,如果你一直盯着这个三角形看,会在无形中给对方一种暗示:"我有清楚的底线,我不会破坏原则。"

表示认真和诚意

如果是在进行商务洽谈,时不时将目光落在对方脸部的三角形上,会让对方感觉到你严肃认真的态度以及诚意,这有助于你把握住谈话的主动权和控制权。

表示感兴趣的程度

与人交谈时,视线接触对方面部的时间应占全部谈话时间的一半左右,这样对方会感觉最舒服,也能体会到你对谈话内容比较感兴趣的心理状态。超过这个平均值,对方会认为你对谈话者本人比对谈话内容更感兴趣,这显然很不礼貌,尤其当对方是异性时;低于这个平均值,则表示你对谈话内容和谈话者都不怎么感兴趣,这显然会引起对方心中不快。当然,如果你确实想表达上述意思,那你就可以这样做。

上台演讲

表示看到了所有听众

以听众席的中间部分为中心线,将视线平直向前然后进行弧形移动,以照顾两边,最后让视线落到最后面的听众头上。这会让所有听众都觉得你注意到了他,因此他们会对你的演讲更感兴趣。值得注意的是,推进视线时不必匀速,而应该配合所演讲的语句有节奏地进行。

表示感情浓烈

有节奏或周期性地从左到右,再从右到左,或从前到后,再从后到前地扫视听众,即让视线在反复的弧形移动中构成一个环形整体,能够向听众传达出你浓烈的情感。使用这种目光语时一定要注意过渡的自然性,以免让听众感觉你的目光是散漫地游离或是刻意在移动。

表示思考

如果所演讲的内容比较复杂,或者需要非常集中精力地描述,则可以运用"仰视"的目光语,它表示思索、回忆。

表达震慑

当听众出现不良反应时,用眼睛直视对方,会对制止听众的骚动情绪起到非常厉害的震慑作用。

表达愤怒、怀疑

"虚视"即目光似视非视,是一种"眼中无听众,心中有听众"的状态。虚视有个中心区,一般将目光放在听众席的中部或后部。使用虚视可以很到位地向听众传达出你内心的愤怒、悲伤、怀疑等负向且强烈的感情。

如果是初次上台演讲或有怯场之感,使用这种目光语也有助于你避开台下火辣辣的眼神,让你克服紧张的心理,不再因此而分神。

表达同情、怜惜

正常情况下,人每分钟会眨眼5~8次,每次眨眼的时间最长不会超过一秒钟,如果超过一秒钟,那就是"闭眼"。闭眼这种目光语可以传达出你的同情、怜惜、难过等情绪。比如演讲中提到英雄人物即将英勇就义时,演讲者和听众都比较紧张,心情难以平静,便可以用闭眼的方式来使听众与自己产生共鸣。

表达与自己特定身份有关的情感

在演讲时老注意听众会显得不甚自然,因此可以根据内容,结合自己的特定身份,运用"仰视"、"俯视"等目光语。比如,对着后辈演讲,你可以不时把视线向下转,即俯视,以表示对后辈的爱护、怜悯和宽容等;而对着同辈或前辈演讲,你可以将视线稍向上转,即用仰视来表示尊敬或撒娇之意。

需要注意的是,在演讲中使用目光语,一定要按照内容的需要,结合感情的节拍来进行,并需配合以手势、身姿等身体语言。

此外,教师等相关职业者在目光语的使用上可以参考该部分,并应注意保护学生的心灵,尽量避免消极目光语,如对学生怒目而视、蔑视、漠视、垂视等。

眉毛——内心的晴雨表

眉毛往往因为刘海儿的遮挡看不到，可能很多人都觉得眉毛不是特别的重要。

实际上，眉毛也是影响人生非常重要的一部分。

眉毛的功用是保护眼睛，但人的眉毛所传递的信息也是丰富多彩的。

人的心情变化了，眉毛的形状也会随之改变。

其实，眉毛的各种变化和各种不同心态是相一致的。

1. 看眉毛知秉性

在中国的古代，对于眉毛曾经有这样的描写："眉者，媚也。为两目之翠盖，一面之仪表，是谓目之英华，主贤愚之辨也。故欲疏而细、平而阔、秀而长者，性聪敏也，若夫粗而浓、逆而乱、短而蹙者，性凶顽也。"由此可见，在中国的古代，人们就懂得通过一个人的眉毛来判断一个人的性情了。

清朝著名的政治家曾国藩就曾这样说过："眉崇尚光彩。好的眉毛表现在四个方面，即'清秀油光'、'疏爽有气'、'弯长有势'、'昂扬有神'。"这也就是说，人的眉毛应该有光、有气、有势、有神等四个特点。不过，在这四个特点中，"清秀油光"最为重要。一般来讲，年轻人的眉毛都比较光润明亮，相比之下老年人的眉毛往往比较干枯而缺乏光彩。这是由于年轻人生命力旺盛，而老年人生命力开始衰退导致的。

通常来讲，眉毛的光亮可以分为三层：第一层是眉头，第二层是眉中，第三层眉尾。层数越多，往往给人的印象越好，得到他人的提携也就越多，这样的人成功的概率也比较大。因此人们都认为眉毛有光亮的人是运气特别好的人。

《黄帝内经》有云："美眉者，足太阳之脉，血气多；恶眉者，血气少也。"

所谓恶眉，古人解释为"眉毛无华彩而枯瘁"。由此看来，眉毛浓密、长粗、润泽，体现了血气旺盛；而眉毛细淡、稀短、枯脱，则说明气血不足。眉毛浓密，说明其肾气充沛，身强力壮；眉毛稀少，则说明其体弱多病，肾气虚亏。

从中医学角度来看，人的眉毛代表着内分泌系统和肝、肾系统的状况。而肝脏及内分泌，恰好是影响一个人性情的重要生理因素，因此，我们从眉形可以看出一个人的性情好坏。

人际交往中，我们要做到"知人知面又知心"，要善于观察。我们在关注对方眼睛的同时，也要注意观察对方的眉形特点以及变化情况，从更深层面上推测出对方的性情及内心的律动。那么，我们应该如何通过眉形去了解不同人的性格特征呢？

眉毛较粗的人

通常来讲，粗眉的人较男性化，性情积极而好冲动；而细眉的人比较女性化，性情消极，优柔寡断。新月眉看起来漂亮，不过如果是男性长了这种眉毛，那么他的性格一定比较懦弱。

眉梢往上及眉梢往下的人

通常来讲，眉梢往上的人，自尊心与个性均极强，一向拒绝妥协，缺少协调性。这一点既是这一类人的长处，也是这类人的短处，因为当需要豪气与果断时，他们能迅速地施展其手段而展露锋芒。这种人往往会受到别人的敬仰。眉梢往下的眉毛被俗称为"八点二十"。长此类眉毛的人富有同情心，热心助人，是典型的好人。他们即使受到别人的捉弄也不想去报复。从相学上来讲，这种人大多数在四十多岁时会受点苦，不过他们做事会善始善终。

眉梢长过外眼角的人

此类人往往具有雅量，会体谅别人，经济上比较宽裕。从情感上来讲，眉毛短的人夫妻之间的缘分非常浅薄。浓眉的人运气很好，不论这一类人处于哪种阶层，他们都能一直十分活跃。但如果眉毛过浓的话，便有高傲以及狡猾的趋向，往往是自我中心主义者。而相反，眉毛稀少的人性情较稳健,他们知识较丰富,不过这种人缺少进取心与指导性。也有些人眉毛稀少,可能是由于秃发并发症造成的,此类人只要注重平时的调养,连续吃一至两个月的生蔬菜,便会逐渐长出浓密的眉毛。

柳叶眉和一字眉的人

柳叶眉的人性格温柔而且有智慧,他们都能孝敬父母,与兄弟和睦相处。而一字眉的人性格坚强,行动力强。有较宽的一字眉的人一般具有较高的胆识,而有较窄的一字眉的人却较固执与缺乏耐力。此外,这一类人往往比较阴险,通常是高智商的罪犯。

近眼眉和远眼眉的人

眉毛与眼睛相距较近的人,他们做事较沉不住气,这一类人往往比较阴险,此类人福运欠佳,家庭中往往风波不断。他们往往只见眼前利益,而不能考虑长远。通常来讲,眉毛距离眼睛较远的人,性情比较温和,而且显得气宇轩昂,是长寿之相。

眉间宽与眉间窄的人

左右两眉的间隔较宽的人,较稳重而且长寿,因为这一类人肚量大、视野广,他们对任何事情都不会过分计较。而印堂狭窄的人却恰恰相反,他们中年时容易患上大病。

眉毛排列整齐和紊乱的人

眉毛按同一方向排列而又有光泽的人非常幸运,这一类人为人也十分诚实。不过,如果眉毛排列非常紊乱,生长的方向又不一致,那么这种人往往言行不一,大都是伪善者。

除了从眉形来判断一个人的性格特征进而把握其心理之外,眉毛的变化更是对方心理活动的非常直观的晴雨表。

当一个人眉毛上挑,则表示这个人需要尊重,需要更多时间适应现在的场合;

而当一个人的眉毛向下靠近眼睛时,表示他对周围的人更热情,更愿意与人接近。

如果你所接触的人将眉毛向上挑，那么此时你不要靠他太近，可以先与他握手，让其主动靠近你，以免让他感觉不舒服。

眉毛的变化丰富多彩，而皱眉所代表的心情可能有好多种，例如希望、诧异、怀疑、傲慢、疑惑、不了解、惊奇、愤怒和恐惧等等。

当一个人因为对方的言辞而皱起眉头时，这往往意味着他此时有不耐烦、苦恼、焦虑等情绪。不过，皱起眉头的动作具体代表了哪种情绪，人们应当根据具体情境而定。

例如，一个人错过了公交车而皱眉，那么，他皱眉就表示无奈与苦恼。

当你与别人谈话的时候，当你的交谈对象出现皱眉头的动作时，你要通过交谈情境来推断对方皱眉头的动作是缘何而起，如果是因为对方和你的意见与看法相冲突，这时你要尽快转移话题，千万不要继续追问或者喋喋不休，否则可能会激起对方对你更加强烈的不满，进而加深你们的矛盾。

当你在一个安静的咖啡厅里的时候，可能会经常发现这样一些人，他们看着自己手中的书或者面前的电脑，皱着眉头。女士在皱了一会儿眉头之后，可能会托住自己的下巴，而男士在皱着眉头的时候，嘴里常常还叼着一支烟，其实很显然，这个时候，人们皱起眉头是因为正在专注地思考着问题。

从生理学上来讲，人们在专注地思考问题时，往往会皱起眉头，这表示他们此刻的注意力非常集中。如果在交谈过程中，你提到的一个问题使得对方皱起眉头，你经过分析发现对方并非因为焦虑、厌烦等消极情绪而皱起眉头，说明此刻对方可能正在思考你提到的问题，并且可能在思考之后给出他的意见。这时，你应该做的就是积极引导对方在思考的过程中与你继续交流，而不是让你们的谈话出现空白。

其实，这时你可以这样询问对方：

"你同意我的看法吗？"

"你是怎么想的呢？"

"你的观点是什么呢？"

同时,你也应该积极引导对方说出他们目前尚不成熟的想法,比如,你可以采用这样的语句:"没关系的,你先说出来,我们可以讨论一下。"

要知道,这些带有意见、建议的倾向但是尚不成熟的观点,比起那些成熟的观点要好应付得多。

自古以来中国就有"观眉毛,识破人"的说法。不过在现实生活中,我们要真正了解一个人或者一个人的内心世界和性情特点,我们还必须综合去考察以及分析,不能简单地"望眉兴叹",这一点就需要我们自己去把握了。

接下来我们将通过常见眉毛的十五种类型,更进一步为你揭示眉毛的微表情。

一、粗/细

男性眉毛较粗,女性眉毛较细,这是正常的,因眉毛粗代表注重大纹大路的事,眉毛细则注重生活上之小事。但亦有男性眉细,女性眉粗的情况出现——这代表此男性心事细如女性,喜欢注意生活琐事,甚至喜欢打理家务,布置家居等事;相反,女性眉粗则代表此女性喜交际应酬而置丈夫不理。但如果男性眉毛过粗及眉形过粗,则代表好色、怕老婆,一生有一次牢狱之灾,亦主配年纪比自己大之老婆。如女性过分眉粗,则有男子气概,做事每喜主动,且有领导本能,且易嫁少夫。又眉过粗亦代表粗心大意。

二、高/低

东方人眉与眼之距离比较阔,西方人眉与眼之距离则比较窄,而眉眼距离是观察家族情分的位置。东方人眉眼距离阔,代表较注重家庭观念;西方人眉眼距离窄,代表家庭观念薄弱。眉高亦代表对玄妙之东西有感觉;眉低则实事求是,为人较现实。不过西方人也有眉高,东方人亦有眉低,其看法与眉之高低相同。又眉长得特别高之人,其成就来得较早;相反,眉太低如压目,相学上称之为鬼眉,主有偷窃倾向,且其人智力不佳、心胸狭窄、记仇,不是一个好的朋友。

三、散

眉毛稀少的人性情较稳健,知识较丰富,但这种人缺少进取心与指导性。有些人眉毛稀少,是由于秃发并发症造成的。

四、乱

眉乱心亦乱,是指眉毛生长得杂乱无章,并不是贴着眉骨而生。这样的人缺乏理解力,不能有完整之思考,且这种眉毛的人智力一般亦平常,所以很难在社会上得到成就。如果眼睛亦无神的话则一生贫困。

五、短

眉短是指眉型比眼型短。这种人性格急躁,遇事喜速战速决,不喜拖泥带水。如眉毛贴肉而生且顺而不散乱,则其所作判断大多正确。如眉毛粗竖杂乱无章,则其人性急且乱,又眉短一般兄弟少或与兄弟无缘。

六、速

速与短不同。眉短只是整条眉型短,但有眉头眉尾,完整而生。眉速则有头无尾,整条眉好像给横腰切断一般。速眼眉与短眉看法相同,唯一不同的是眉速者克弟,其人大多没有弟弟,就算有亦会生离死别。

七.交

眉交是两条眉毛连在一起,且互相侵入对方眉毛之内,像交战一样,称之为眉交。眉交的人大多兄弟反目无缘、朋友运亦不佳。心情常乱、遇事犹豫不决,且偏听女色之言,一生常有色情祸事;但如眼有神而眼睛黑白分明者,则可控制以上情况。又眉交即眉侵印堂,代表此人性格过于悲观,遇事每每记于心中,不能开解自己。

八、连

眉连与眉交都是眉毛侵入印堂之内,以致两条眉毛连在一起。但眉连比眉交的情况好,眉连的人不会兄弟反目、朋友无情,只会同样属于悲观主义,遇事不能放开怀抱。

九、黄

眉黄是眉毛枯黄的意思,但若果像外国人之金黄色而不是干枯便无问题。眉毛枯黄代表体弱,且夫运不佳,尤其在行眉运时更为甚。此外亦代表兄弟无缘、朋友无助。

十、薄

眉薄是眉毛很弱的意思。这种眉型兄弟少而缘薄,但其人思想精细、聪明。要注意的是眉薄之中有没有散乱或断眉之情况,如有的话可参照散乱眉或断眉的方法去判断。

十一、破

眉破代表眉毛可能因后天因素引致眉毛受损而出现眉破的情况。眉破代表有一兄弟很早就生离死别,亦代表手部易折断受伤。

十二、缺

眉缺的意思是眉毛突然有一部分没了眉毛,缺了一块,意思跟眉破相同。

十三、断

眉断是指眉毛中断不连在一起,可能是先天生出来就是这样,或后天因意外而变成这样,都称之为眉断。眉断跟眉毛破缺意思一样,兄弟很早就生离死别,亦代表手部易折断受伤,只是较为严重而已。如属后天意外引致眉断,断左眉男性多在一岁、十岁、十九岁。如右眉断则多在七岁、十六岁、二十五岁;女性则左右眉毛年龄调转。

十四、逆

眉毛逆生是指眉头部分倒转向印堂方向生长。这种眉毛代表其人不善处理感情。若只有左面眉毛逆生,代表三十岁前不善处理感情及父死不能送终;右面则代表三十岁后不善处理感情及母死不能送终。如左右眉毛皆逆生则,一生不善处理感情及父母去世皆不能送终。

十五、竖

眉竖即是眉毛不是贴肉而生,而是一条一条竖起来。这代表其人思考能力差,每每冲动行事,不喜欢思考而喜以武力解决问题,所以一生常有祸事官非。又其人个性粗鲁、不解温柔,亦不是一个体贴之丈夫。女性有此眉亦同。

2. "眉有高低,自打嘴巴"——眉毛变化看人心

一天下午,高明按照约定的时间,到客户的公司与之见面,顺便带去

一套最新的设计方案。一进办公室，坐在大办公桌后面的客户就从头到脚地打量了他好几回，看上去显得有些不太友好。

果然，还没有谈几句，客户就开始对他们的设计方案挑剔起来，不管是整体布局，还是设备摆放，反对意见一箩筐，最后甚至拿出了自己亲手绘制的草图，还将两者相比，看那意思一定要分个上下比个高低不可。

高明说自己的设计能够给客户省30%的开支。客户"嗯"了一声，心想：这明显是在说自己的设计会浪费钱财，他不自觉地挑了挑眉毛，抽了抽嘴角，流露出一副不相信的表情。

高明一下子就看出了客户心里的否定，干脆向客户借了一张纸，掏出笔，开始在纸上计算，并且将一笔笔开支和费用指给客户看，随后又将客户的那套方案进行了同样的计算，结果真如高明所说，客户自己的设计不仅会花费更多，还有超出预算的可能。直到这时候，客户才把原来挑起的眉毛放了下来，眼里带着笑，不断地点头，表示已经接受了高明的设计方案。

眉毛一边高一边低，是一个很明显的否定性信号，你有没有用心留意你的客户曾经有过这种眉目表情呢？

被人们称为"读脸专家"的美国社会心理学家琳·克拉森进行了大量相关的试验，考察了性格和面部神情的关系，发现人们很难隐藏或改变面部的细微变化，而这些变化最能透露这个人的所思所想。她认为，眉毛最能表露一个人的心声，比如当眉毛向下靠近眼睛的时候，表示他对周围的人更热情，更愿意与人接近。

在现实生活中，如果注意观察，也能发现一些眉毛因为感情的波动而产生变化，从而看出一个人心理波动的情况，比如当一个人心平气和的时候，眉毛基本上会呈水平状；当一个人遇到高兴的事情时，会因为心情开朗而眉飞色舞；当一个人身心疲惫的时候，眉毛会拧在一起。也就是说，一个人的七情六欲都能够通过眉毛流露出来，从眉毛表现的状态，也就能够看出一个人的性情和心情。

有时候难免会遇到这样的客户，比如上述案例中高明遇到的那位，动辄挑动眉毛，总是一边高一边低。难道是客户的脸半边麻痹了？绝对不是。两条眉毛一条下降或者保持不动，而一条上扬，它所传达的信息就像是介于扬眉与低眉之间，既不是兴高采烈，也不是心情郁闷，这通常表明他正处于怀疑或不安的状态，扬起的那条眉毛就像是提出的一个问号一样，或者期待着你给出准确的答案，或者希望你主动偃旗息鼓，终止此次交易行为。

这时候就算客户嘴里说着让你继续，也不要信以为真，因为客户的"眉语"已经对你"实话实说"了。

眉毛同样能传递信息，虽然其准确性和丰富性不及眼睛，但也能表露人的真情实感。在日常的交往中，不管是为了体现良好的形象，还是为了表现良好的修养，人的双眉总是保持在自然、平直的状态，不会随便皱眉、挑眉以及改变眉毛的位置和形状。不过一旦一个人对别人产生了怀疑或否定心理，或者有不清楚需要弄明白的地方，眉梢就会微挑，出现一边眉毛高、一边眉毛低的现象。

如果你一见到客户，就看到客户的眉毛上挑着，往往暗示着这个人需要尊重，需要更多的时间适应你。此时你不宜靠他太近，他需要彼此保持一定的距离，以保持自己的安全感，你可以先热情地握手，给双方一个接近彼此的机会，这样能够让客户靠近你，又不会让他感觉到不舒服。

俗话说："眉有高低，自打嘴巴。"如果客户总是保持着眉毛一高一低的样子，说明他的内心往往有某种程度的冲突和矛盾，因此经常会为一个念头或决定翻来覆去地改变，让你左也不是右也不是。就算客户今天说下单，明天拒绝签字，你也拿他没有办法，因为这是客户的天性，他就是这样朝令夕改、会"自己打自己嘴巴"的人。对此，唯一的办法就是下次见客户的时候，多看看他的眉毛，提前给自己"打预防针"。

两条眉毛一条降低、一条上扬，最基本的意思就是说明他此刻正处于怀疑状态，那条扬起的眉毛就是一个大大的问号。这个时候，你应该晓之以理、动之以情，并提供足够的证据证明你的观点的正确性，帮助客户消除一些有负面影响的错误观点，绝对不要再按照原来设计好的线路继续话题，否则只能是无果而终。

眉心窄的人爱斤斤计较

眉心窄小的人度量也小,喜欢斤斤计较,小家子气,很难与人相处和合作。这是什么道理呢?有人遇到不如意的事情,就皱眉头,慢慢地眉心的肌肉就萎缩了,眉心自然窄了。相应的,眉心宽的人心也宽。

眉毛的浓密反映感情的厚薄

眉浓的人感情亦浓,相反,眉浅的人感情亦浅。除了眉毛浓密,还须细看他的眉毛是否浓得柔顺而不杂乱,上下有层次,如果是,则这个人对朋友特别好,感情真挚长久,可以为了朋友两肋插刀。

眉尾散乱的人心绪不宁

所谓财散人不安乐,用来形容这类人最适合不过了,因为眉散也代表着财散,所以会出现很多经济问题,引致心绪不宁。如果他的眼盖浮肿还压着眼睛,更可能是个脾气暴躁的自私鬼。

眉毛柔顺有修养

眉毛柔顺,且向两边缓缓伸展,微微弯曲,这样的人很有修养,头脑清晰。相反,眉毛不柔顺,竖起来,而且生得疏疏落落,这样的人缺乏修养,做事马虎,还好高骛远,不能脚踏实地。如果眉毛再短小点儿,那对朋友也会有所亏欠,因为他太过保护自己,事事都以利益为重,因此给人一种自私的感觉。

此外,凸垂或低悬的眉毛遮盖着眼睛的人,领悟力强,观察深刻;

眉平直率的人,重实际;

眉弯曲的人,敏感,爱美;

眉毛粗浓的人,雄健、果敢、逞强;

眉尾朝上者,性格豪放而刚强;

眉毛疏而秀、平而阔、秀而长的人聪明;

眉尾下者,性懦弱而悲观;

旋螺眉,多智多疑,虚荣心强,易中途受挫;

八字眉,这种人陷于悲观,而且是个爱情不专的人;

鬼眉,眉毛粗而阔,人面兽心,占有欲特强。

所以观察一个人的心理活动,看他的眉毛是很必要的,尤其是在眉毛运动的时候:

1)深皱眉头

皱眉分为两种,即:防护性和侵略性皱眉。防护性的皱眉目的是保护眼睛免受外来的伤害,在皱眉时还需把眼睛下面的面颊往上挤,眼睛仍是睁开的。当面临外界攻击或突遇强光、强烈情绪反应时通常会有这种反应。侵略性皱眉是出于防御时的反应,这种皱眉是担心自己侵略性的情绪会激起对方的反击,与自卫有关。如果一个人深皱眉头,表示这个人内心忧虑或犹豫不决。

2)耸眉

眉毛先扬起,停留片刻,然后再下降就是耸眉。耸眉还经常伴随着嘴角迅速而短暂地往下一撇。耸眉表示的是一种不愉快的惊奇,有时也表示一种无可奈何的样子,此外,在热烈地谈话时,当人们讲到重要处时,会不断地耸眉,来强调他所说的话。

3)眉毛打结

眉毛打结指眉毛同时上扬及相互趋近,和眉毛斜挑一样。当人们有严重的烦恼和忧郁时,通常会表现出这种表情,有些慢性疼痛的患者也会如此。

4)眉毛斜挑

眉毛斜挑是两条眉毛中的一条向下降低,另一条向上扬起,扬起的那条眉毛就像提出了一个问号,反映了眉毛斜挑者那种怀疑的心理。在成年男子脸上较多地看到这种无声语言。

5)眉毛闪动

眉毛闪动就是眉毛先上扬,在瞬间内再下降,像流星划过天际,动作敏捷。这是全世界人类通用的表示欢迎的信号,是一种友善的行为。当眉毛出现闪动时,说明对方心情愉快,内心赞同或对你表示亲切。眉毛闪动通常伴有扬头和微笑,但也可能自行发生。眉毛闪动经常出现在一般对话里,作为加强语气之用。每当说话时要强调某一个字时,眉毛就会闪动,像是在强调:"我说的这些都是很惊人的!"

6)扬眉

当一个人双眉上扬时,表示非常欣喜或极度惊讶,单眉上扬时,表示对别人所说的话、做的事不理解、有疑问。

3. 男女有别,巧识"姻缘眉"

紧张的现代社会,最困扰人心的莫过于姻缘问题了,如何在茫茫人海中找到属于你的那位"良人",还请诸位睁大眼睛细细观察。

看眉识男人——女人需要注意的几种男人

眉粗压眼

眉粗的男人看来十分威武,但如果眉粗而贴近双眼,再加上一双闪烁的眼神,这种人当真要好好提防,他们天性奸诈,为了个人利益,可以做出很多暗箭伤人的事。另外,这类人可能做了太多的坏事,所以他们除了信自己之外,很难相信别人,包括自己的女朋友。

眉毛平直

眉毛能够代表一个人的心术,要是拥有一条平直的眉毛,便代表这个人性格比较公正,无论公事私事都十分公正,而且喜欢讲原则,是不会徇私的正义之士。这类人很受女性欢迎,因为他能给予十足的安全感,亦不容易受诱惑,是理想的结婚对象,不过他对伴侣的要求同时也是很高的。

眉毛清

26~36岁间的人走"眉运",如果眉毛幼细,眉清见底,眉毛顺贴眉骨而生的话,这类人大多得贵人扶助,此段期间的事业运也相对不俗。要是眉型平长而过目的话,便更加好,因为眉长过目,代表这人有上进心,事业发展可以进步神速,要是在这段期间能把握机会,一定可以出人头地,女性遇上这类男人,也要好好把握,不要就此放过大好金龟婿。

眉高鼻窄

如果男人两堂眉毛生得特别高,与双眼有一段距离,再配上一个特别狭窄细小的鼻子,那就要恭喜你了!因为这类男人,多为富有学识、对潮流有触觉、品位高尚、外形俊朗、有型有格之士。这类人站在人群中,显得出众不凡,特别引人注意。如果你的男友正是这种人,就要小心他身边对他虎视眈眈的目光了。

眉毛散乱

眉尾散代表财难聚,所以这类人大多投机心非常重,而眉毛乱则代表心乱、智力不足。他们喜欢以小博大,做生意也不肯脚踏实地,给人的印象绝对是志大才疏,所以这类人大多一事无成。如果你的男友有这个特征,你就得多提醒着点儿,让他脚踏实地做人,这样才能改善他的运势。

眉低压眼

眉与眼之间的距离应以可容下一根手指为最标准,但有些人的上眼盖因生得低,令眉与眼的距离过于接近。有这种特征的男人,天生小器,却非常怕事,为人急躁,又唯利是图,所以注定失败居多,而且跟他恋爱也必然苦多于乐,即便你心胸广阔,也会被他的小器和势利性格气得提出分手。

眉头带箭

世间上有种人,他无论跟多随和的人相处,最终都会闹翻,究其原因,是这类人天性诸多挑剔,爱为一些芝麻绿豆的小事与人争执,所以难与他人和睦相处。女性们要多注意这种"眉头带箭"的男人,这种人眉头上的眉毛倒行逆生,他们总爱招惹是非,对人挑剔,对己宽松,跟他拍拖,简直是自讨苦吃。

看眉识女人——男人需要注意的几种女人

通过大量的研究,心理学家从眉毛形状中发现了其中所隐藏的女性性格特征：

眉毛较长的女性

有这种眉毛特征的女性，其性格多属于谨慎型的，做事喜欢深思远虑，通常，她们对婚姻也持有一种十分慎重的态度，爱不轻言，一爱到底。

眉毛较短的女性

有这种眉毛特征的女性，大多缺乏独立性，做事依赖性很强。她们对爱情充满美好幻想，感情丰富、细腻。

眉毛较浓的女性

有这种眉毛特征的女性，大多比较粗心，且有些许任性。在行事作风上较有主见，个性上较不服输，比较不愿意过着平淡的家庭主妇生活，但如果能让她在职场上好好发挥，相信是老公的得力助手。面对爱情，她们喜欢主动，慕其所爱、求其所恋、敢爱能放、喜欢感受新潮。

眉毛纤细的女性

有这种眉毛特征的女性多爱慕虚荣，偏重名誉，且感情淡薄。她们比较情绪化，做事老是凭直觉，比较不会坚持自己的立场。这样的人让人很不能信赖，所以当她们到了30~35岁时会遇到诸多不顺。她们对爱情多不太执著，由此也决定了她们的婚姻来得比较迟。

女性眉间距

通常，眉心间隔窄的女性，人际关系好且受人欢迎；眉心间隔宽的女性，自视甚高，个性外向，具有领袖欲。天生双眉距离较近的女性，行事比较冲动，胸襟狭隘、放不开；天生双眉距离较开的女性很容易相信别人，一不小心就被骗，而且性格上很容易举棋不定。

第二章

"相由心生"——脸表现你的内心世界

一个人的相貌好坏,常常决定了一个人的际遇。

那些相貌端正或者好看的孩子,总是能得到别人的赞赏、鼓励、原谅,成长的路途也较为通顺,因此成长为心底坦荡、无私善良的人的几率也比较大;

而那些难看的孩子,总是会被忽视、谴责、责骂,人际关系、求学求职中的曲折也比较多,难免会使心灵被渐渐扭曲。

这些际遇,反过来又会作用于相貌气质,加重一个人相貌上的优势或者劣势。

相貌不但意味着一种先天的起点,也代表一种后天的修炼,是一个人灵魂的微缩景区,是一个人全部经历的说明书。

王尔德小说《道连·格雷的画像》里,美貌少年道连·格雷,得到一张神奇的画像,从此他就可以放心地放诞无忌,所有熬过的夜,混沌的白天,经历过的酒色,都上了那张画像的脸,而他自己却依然有一张不老的、干净清爽的脸。

但现实中,谁有那样的画像来遮挡那些脏、那些乱?

经历过的种种,比银行的信用记录都准确,一丝不苟,全记录在脸上;

心里的虚荣、势利,全一层层叠加累积,像钞票里的水印一样,稍微得点光就提示着自己真正的心路历程。

他们把自己的脸摧毁了。

而建设一张脸,却极为艰难,要严格作息、要饮食得当、要读书、要看画、要旅游,要控制自己的愤怒,要提升自己的环境……总之,打造一张脸,几乎囊括了一个人建设自己的全部要素。

所以,古人说:"相由心生";

林肯说:"一个人过了四十岁,就要对自己的相貌负责";

叔本华说:"人的外表是表现内心的图画,相貌表达并揭示了人的整个性格特征";

陈丹青说:"在最高意义上,一个人的相貌,便是他的人";

每个人都是自己的脸的美术指导,要为自己的脸担负全部事故责任。

要养脸,先得养心。

我们举目四望、众里寻他千百度,找的只是一张脸,脸是叶子,是花,提示着那些看不见的部分:灵魂的景象、心的样貌。

鼻子——性情的象征

在人类的五官当中,鼻子处于我们面部的中央位置,与我们脸部的其他器官相比,鼻子能够体现出的表情相对来讲是比较少的,但是由于它所处的特殊位置,起到了"承上启下"的作用,在我国相术中,它掌管着人一生的财运,而在西方国家它又是性的象征。由此可见,这小小鼻子的学问也大着呢。

通常来讲,鼻子较大,鼻梁骨高挺的人往往心态都比较好,因此在生活上、事业上都很幸运,关键时刻总会有贵人帮助,加上自身的努力打拼,很容易成就一番事业。这是为什么呢?

从神经内分泌角度来讲,肾上腺素和去甲肾上腺素往往使鼻孔张开。帕斯卡尔在描绘克利奥帕特拉那硕大向上翘起的鼻子时写道:"假如它(鼻子)短一些的话,那么世界的整个面貌都将会改变。"就力量和洞察力方面来讲,拿破仑说,"给我这样一个人,他的鼻子应该长得硕大丰满……每当我需要找别人完成任何有用的脑力工作时,如果没有其他合适的人选的话,我总是选一个鼻子长得长长的人。"人们通常把有硕大、有力的"高鼻梁"的鼻子看成是有势力的人物或者凛然不可冒犯的人物的象征——"他生着一副追求权势的鼻子"。"专横"一词来源于"神圣罗马帝国",也与鼻子有关。

此外,稍微有点大的鹰钩鼻其形状就像老鹰嘴一样,鹰是身着羽毛的动物王国中身形最大、最凶猛、最有力的鸟类之一。有着鹰钩鼻的人一般被看做是很有影响力的人。

的确，鼻子可以提供给我们许多关于性格特质、心理活动的线索——尤其是有些人极力掩饰的那些特质与心理活动。我们经常能看到，当有些人对某种事物表示厌恶、轻蔑的时候会"嗤之以鼻"，愤怒的时候会鼻孔张大、鼻翼翕动……可见，顺着鼻子这条线索，可以发现的信息还真不少。

其实，从医学的角度来看，鼻子是呼吸的通道之一，人内心的情绪起伏、心理活动的变化都会引起呼吸的变化，呼吸的变化又会影响到鼻子的外形和色泽等。

所以，在相互交流中，要想全面、真实地了解对方的心理，就需要抓住这些细微的线索，通过观察对方的鼻子洞悉其心理活动。下面我们就来仔细探究鼻子中究竟蕴涵了什么内容，顺着鼻子这条线索我们到底可以发现什么。

在谈话的过程中，当你发现对方的鼻子稍微张大时，多半表示他有一种得意或者不满、愤怒、恐惧等情绪，也可能是正在压制某种情感，也就是说，此时人的神经处在兴奋或紧张的状态中，那么生理上就会发生变化，呼吸和心跳就会加快，所以也就产生了鼻孔扩大的现象。至于是由于春风得意而意气昂扬，还是由于抑制不满及愤怒、恐惧等情绪所致，就需要结合他在谈话中的其他反应来全面分析、判断了。

有的人天生容易鼻头冒汗，吃一顿饭也会汗津津的一片——不过如果对方没有这种毛病，却在交谈中鼻头冒出了汗珠，当然，排除温度影响外，那应该说是对方心理焦躁或紧张的表现。在商场上，如果对方是你的重要交易对手，那么这样的人必然是急于达成协议，心里盘算无论如何也一定要完成这个交易，因为他担心交易一旦失败，自己便会失去很多机会，或给自己带来不小的经济损失等等，所以心情比较焦急、紧张，进而陷入了一种自缚的状态。总而言之，因为焦急、紧张，鼻头才有发汗的现象，这在我们的日常生活中还是比较常见的。

小金是一个即将参加高考的学生。高考前一天晚上，小金的母亲给他做了一顿非常丰盛的晚餐。吃饭的时候，小金的母亲一再叮嘱小金明天一定要好好答题，争取考出好成绩，进入梦寐以求的重点大学。母亲不断地唠叨,小金的脸色开始变得越来越难看,鼻子上淌下了豆大的汗滴。看到这情形,母亲非常紧张地问:"儿子,你怎么了,是不是病了?"小金接过话茬儿,烦躁地说:"妈,我求求你,别再提高考的事了,好吗?你一说我就着急,就烦,饭都不想吃了!"

小金的表现说明,紧张和焦急确实会引起身体的反应,其中包括鼻子上突然冒汗。当然,紧张过度时并非仅有鼻头会冒汗,有时腋下等处也会有出汗的现象。

一般情况下,鼻子的颜色是不会频繁地发生变化的,但是如果整个鼻子泛白,就意味着对方情绪消极,畏缩不前。如果对方是你交易的对手,或者是无利害关系的人,那么他此刻多半是处在踌躇、犹豫的状态。例如:交易时不知是否应该提出条件,或对是否要提出借款等问题而犹豫不决。另外,这类情况也会出现在向女子求爱告白却惨遭拒绝的男子身上。因为当人的自尊心受损、有罪恶感、心中困惑、尴尬不安时,都会使鼻子泛白,这是生理的一个自然反应。

如果鼻子皱起并且表情严肃,这表明他傲慢、不屑一顾的态度。有的人鼻子两边有明显的皱痕,那么通常这种人会有某种程度的厌世思想。

还有这样一种表情:鼻子朝天、神气活现而又不直接正视别人,这表现出一种傲慢的态度,这样的人要么是不想和你交往,要么就是希望控制你或者占你的上风。对于这样的人,交往的时候需要小心提防。

总之,鼻子的确可以为我们提供许多反映内心的信息,我们不仅要学会从对方的语言、眼神、脸色中透视对方的内心,也要善于顺着鼻子这条线索探究出对方的性格特点和心理活动,这对于我们的人际交往是非常有利的。

1. 吐故纳新——鼻子代表你的心

鼻居五岳之中岳,属五行之土行,在医学上是呼吸系统中的重要器官,从整个面部观察,位居中央,高高耸立,号称天柱之山,上接天庭,下临人中。它的职能是辨薰莸、别气味,更主要的是吐故纳新,关系到人的生命存在与死亡。

所以鼻子粗大显示一个人有着充沛的生命力,相反鼻子细小则给人一种单薄的感觉,当然女性若是长着一个大鼻子,就不是十分的雅观,所以还是小一点为好。既然人五官中的眼嘴甚至是眉毛都能显示一个人的性格,鼻子当然也不例外,光是鼻子的形状就能很清楚地告诉我们,它的主人有着什么样的性格特征。

长鼻

这种人富有理性,又具有美感,不过社交能力不是很强,欠缺社交性,因此这种人喜爱孤独,并能享受孤独。

短鼻

这种人正好和长鼻子的人相反,他们个性开朗,大而化之,但是他们意志不是十分坚定,观点不够鲜明,容易受他人影响,是一种比较容易被说服的人。

希腊鼻

是指在希腊雕塑中经常能看到的一种鼻子的形状,它的鼻梁非常挺直,成一条有坡度的直线。这种人品位相当高,对美或高尚的事物造诣很深,又对艺术有很好的理解能力,以及优越的才能。这种人更是一个理想主义者,对自己非常有信心,以至于有时会骄傲自大,给周围人一种不好交往的感觉,况且还有洁癖,也往往让周围人反感。

矮小鼻

顾名思义,这种鼻子比较矮小,似乎正好和坚挺希腊鼻相反,这种鼻子的人智能比较低,性情比较懒惰,缺乏改变生活的勇气,如果失败,也很难有再次振作的能力,如果出身不好的话,也只能邋邋遢遢过一生了。若是女性的话,还缺少伦理观念,容易被男性玩弄。

凹陷型

凹陷型的鼻子是指鼻梁不是一条直线,也不是隆起,而是凹陷的,这种鼻型的人性格比较开朗,对陌生人有一种莫名的亲近能力。

直线型

这种鼻型呈一直线,和希腊鼻型不同的是希腊鼻比较高耸,而这种鼻型比较低一点,但也不是矮小。这种鼻型的外观比较时髦,这种人对细小事情顾虑太多,也比较自私,对自己的事情考虑太多。这种人头脑清晰,在工作上或成功的大道上都能顺利。况且这种人比较受异性的欢迎,然而很容易被对方抛弃。

鹰钩型

鼻子的形状像鹰嘴一样,鼻尖向下垂成钩状,这种人个性通常阴险凶暴,冷酷残忍。他们虽然寿命颇长,但年老后会很孤独。鹰钩鼻子且眼深者往往生性贪婪,不知足。

断鼻

鼻梁中间呈段层状的鼻相,诚如外表的印象,鼻梁有断层者多半是顽固之人。他们的性格具有强烈的攻击性又欠缺协调性,生性顽固而不知"退一步海阔天高"的道理,也正是这样而经常得罪人。

袋鼻

袋鼻又叫犹太亚鼻,有这种鼻型的人对金钱极为执着,为了金钱,他们可以舍弃地位、名誉和义理人情,甚至是被人唾骂也在所不惜。他们处世有一套,交际灵活,但不管如何还是个守财奴的形象。

袋鼻变形

和前面的袋鼻不同的是袋鼻的肉厚,而这种鼻子在整体而言肉薄,还带着一点时髦感。虽然鼻型和袋鼻相似,但处世风格完全和袋鼻的人不一样,这种人对赚钱一事毫不关心,绝不会和他人有金钱方面的纠纷。此种人对人非常亲切,绝对不会牺牲别人的利益来满足自己的私欲,因此而受到对方的青睐。

不仅鼻子的形状有着特别的意义,连鼻子的颜色和短时间的动作也有着特殊的意义。

鼻子代表你的心

在相互交流中,一个人的心理活动往往会从鼻子的变化中显示出来。比如谈话过程中,对方的鼻孔稍微扩大,多半是在表示得意心理或不满情绪,当然也有可能是正在压制某种情感。关于这一点,下面这个小故

事是一个极好的证据:

年轻时,小A在一家超市里工作过。那期间,小A曾经遭遇过一宗未遂的抢劫案。

当时,作为促销员的小A正站在距离收银台不远的一处大货架下。小A注意到一个男人,他站在收银台的旁边,两眼紧盯着收银机。小A之所以在众人中唯独看到了他,是因为他似乎不应该站在那里——他没有买任何东西,也没有排队。而小A之所以格外注意他,是因为他并没有沉默地待在原地,而是在某一刻忽地鼻孔扩大了,这表明他正在深呼吸,准备好要采取某种行动。

他的这个动作立刻引起了小A的警觉,几乎是在他行动的前一秒钟,小A冲着收银员大声地脱出而口:"小心!"伴随着小A的喊声,发生了三件事:

一,收银员刚完成一次结账,收银机的抽屉刚好打开;

二,那个男人迅速向前将手伸进了收银机的抽屉;

三,收到警告的收银员一把抓住了他的胳膊并将其反拧过来。

结果,钱从那个男人的手里掉出来,其他结账的人则协助收银员抓住了这个抢劫犯。

一起完全可能得手的抢劫案,就这样全盘输给了抢劫犯扩大的鼻孔。

一般而言,人的鼻孔张大是出于愤怒或者恐惧,因为当人处在兴奋或紧张的状态中时,呼吸和心跳也会加速,相应地就会产生鼻孔扩大的现象。上述故事中的促销员之所以能够提前对抢劫犯有所警觉,正是因为他在潜意识中意识到这个小动作背后的危机。如此看来,小小的鼻孔,除了具有替人体交换内外气体的重要功能外,还担负着传达主人内心秘密的额外任务。

当然,鼻孔扩大并不是绝对表示内心的兴奋或紧张,只是一种意图线索,或者是使劲儿时的一种自然反应,比如在骑车爬一段陡峭的山坡、搬动重物等需要用力的场合,鼻孔都会随着力道的使出而扩大。但是如果不存在这些情况,并且你身处一个危险的环境中或紧张的氛围下,对方又出现了鼻翼扩张的行为,那你一定要小心了。

除了上述两点外,鼻孔还往往与"轻视"、"不屑"扯上关系。有一个成语叫"嗤之以鼻",说的就是通过鼻孔出气吭声来表示蔑视、嘲讽。还有一个词叫"鼻孔朝天",这几乎是全人类都认可的一种形容不高兴或拒绝的身体姿态—当看到某人板起脸,将鼻子高高耸起,鼻孔张大时,我们的直觉就是他很傲慢、倔强、妄自尊大。

日常生活中,与鼻孔息息相关的还有一种动作,那就是"挖鼻孔"。如果并非鼻孔需要清理,那么该动作多数时候都是在传达一种紧张不安的情绪。人们企图通过这种自我接触产生一种安慰感,缓和内心的不安。

不起眼的鼻孔居然能传达出这么多隐秘的信息,实在令人吃惊。那么,推而广之,是不是整个鼻子更能体现人的内心呢?没错!请看下面的分析:

鼻头冒汗

如果并非天生容易鼻头冒汗,那么这种现象应该是由于人们内心焦躁或紧张所致。或许他正在着急如何达成协议,心里盘算着无论如何一定要完成这个交易;或许他正在着急如何掩饰自己的错误,以免遭受惩罚;或许他正在焦虑如何摆脱对方的纠缠,逃到一个能让人身心得到放松的地方去;等等。

鼻子泛白

一般情况下,人的鼻子颜色不会发生变化,除非内心情绪波动比较强烈。比如,情绪十分消极、畏缩不前时,人整个鼻子都会泛白;向异性表达爱情却遭到拒绝时,许多男子都会鼻子泛白;当自尊心受损、有罪恶感或者相当尴尬时,许多人也会鼻子泛白。

摸鼻子

从心理层面上,这是一个非常有意义的动作,它一般会传达出四种意思:

拒绝

当你请求他人帮助你完成某桩事情,对方一边犹豫着答应一边摸鼻子,甚至未答应,只是用手摸鼻子时,你应该知趣地意识到,他接受你请求的可能性不大,或者说,他已经在潜意识中通过这个动作拒绝了你。

不耐烦

如果对方觉得与你谈话很无聊,想尽快结束,那么他多半接二连三地摸鼻子,如果再伴随着不断变换身体姿势等动作,就是你该闭上嘴巴的时候了。

怀疑

你说出了某些话,而对方用手去摸鼻子,并且身体做出了前屈的动作,那么就等于是在说:"不会吧?"表明他对你所说的话心存怀疑。

内心挣扎、困惑或不知所措

遇到难题时,人们往往会不自觉地去摸鼻子。因此如果在谈判中,对方听完你的话去触摸鼻子,那就表明你的提议有可能被他接受,他正在犹豫要不要接受,这时候,你只需要适时再进一步,协议就很容易达成了。如果故意去问一个孩子他不懂的问题,他大多也会做出用食指擦鼻子的动作,这表明他对你的问题感到困惑,不知道该怎么回答。

捏鼻梁

捏鼻梁和摸鼻子的动作比较容易混淆,但二者所表达的意思是完全不同的。这个动作表示对方正在深思你说的话,内心处于一种冲突中。如果是正在谈判的商人,这个动作则多表明"不要打扰我,让我想想"的意思。

2. 匹诺曹效应——撒谎者常常触摸鼻子?

《木偶奇遇记》里有这样一段对白:"怎么知道我在说谎?"

"我亲爱的孩子,谎话一眼就能看出来,因为它们只有两种,一种是短腿的,一种是长鼻子的。你说的谎就是长鼻子的。"

"撒谎会长鼻子"虽然是个趣味的说法,但撒谎确实会引发鼻子部位的血液流量增大,导致鼻子膨胀而产生刺痒的感觉。所以,人在撒谎时触摸鼻子也是常见的肢体动作。童话故事里,匹诺曹说谎时会长鼻子;而现实中,人们说谎时会摸鼻子!

皮诺基奥效应

美国芝加哥的嗅觉与味觉治疗与研究基金会的科学家们发现,当人们撒谎的时候,一种名为儿茶酚胺的化学物质就会被释放出来,从而引起鼻腔内部的细胞肿胀。科学家还通过可以显示身体内部血液流量的特殊成像仪器,揭示出血压也会因为撒谎而上升。

这项技术显示人们的鼻子在撒谎过程中会因为血液流量上升而增大,科学家们将这种现象命名为"皮诺基奥效应"。血压上升导致鼻子膨胀,从而引发鼻腔的神经末梢传递出刺痒的感觉,于是人们只能频繁地用手摩擦鼻子以舒缓发痒的症状。

触摸鼻子的手势一般是用手在鼻子的下沿很快地摩擦几下,有时甚至只是略微轻触,几乎令人难以察觉。女人在做这个手势时比男人的动作幅度更小,或许是为了避免弄花脸上的妆容。

有时不必拆穿

美国的神经学者阿兰·赫希和精神病学者查尔斯·沃尔夫深入研究了比尔·克林顿就莫妮卡·莱温斯基丑闻事件向陪审团陈述的证词,他们发现克林顿说真话时很少触摸自己的鼻子。但是,只要克林顿一撒谎,他的眉头就会在谎言出口之前不经意地微微一皱,而且每四分钟触摸一次鼻子,在陈述证词期间触摸鼻子的总数达到26次之多。

下面是一个妻子看完美剧《别对我撒谎》后的描述:

从看了这部美剧以后,我就开始用里边教的各种方法来分析老公跟我说话时的语气、动作、表情,以此来探求他是不是在对我撒谎。

上周五,他打电话给我说要加班,但是说话时犹犹豫豫的,我知道他在撒谎。如果说话时迟疑、重复,没有办法很好地组织好自己的语言,很可能是在说谎。

可是,我装作不知道,我看看他有什么可隐瞒的。于是,我来到他的公司楼下等着他,他下班后,我就偷偷跟踪他。我发现原来他只是跟他的好朋友们聚会,之所以瞒着我,大概是因为我曾经说他们是"狐朋狗友"。晚上他回到家,我假装什么都不知道,拉过他的手问他:"今天是不是很辛苦？工作完成了吗？"他摸了摸自己的鼻子,说:"我努力工作都是为了让你过上更好的生活,不辛苦。"

男人摸鼻子,通常是在说谎。对于老公的谎言,我一笑置之并没有戳破。

在生活中,如果我们碰到的是无伤大雅的小谎言,最好不要介意,还能检讨一下他为何要对自己说谎,让自己也更完善。不过若是在原则性问题上撒谎,你就要判断是否要采取进一步的措施了。

是感冒还是在说谎?

摸鼻子是经常发生的一个小动作。鉴定他人是否在说谎时,还需结合其他说谎迹象来进行解读,有时候对方做出这个动作只是因为花粉过敏、感冒,或者是被眼镜压迫而感到不舒服。

而且,虽然撒谎的确是引发触摸鼻子这一手势的原因。但同样,当一个人处在不安、焦虑或者愤怒的情绪之中时,他的鼻腔血管也会膨胀,也会出现触摸鼻子的情况。

所以,这是一个有用的鉴定对方是否在说谎的辅助手段,而不是一个完全判定的手段。借助这个手段时,要记住这样一个规则:单纯的鼻子发痒往往只会引发人们反复摩擦鼻子这个单一的手势,而和人们整个对话的内容、频率和节奏没有任何关联;但如果这之间存在某种联系,你就必须对他的谈话内容加以警惕了。

嘴巴——善变的嘴易吐真情

在五官中,嘴巴的作用不可小视,它不仅仅是我们吃饭的"工具",也是我们与外界沟通交流的主要器官。从医学角度来讲,由人嘴的大小、厚薄、颜色、弹性以及嘴唇的形态,可以看出一个人的健康状况、生命力、情感世界和性格特征。

例如,男性如果嘴巴特别大,必定性格外向,并且具有雄心和魄力;

同样的道理,女性若嘴巴偏大,则喜爱参与社会活动,且富有男性气概。嘴的轮廓俏皮可爱,嘴角富有魅力的人,表示其个性爽朗,天生一副幸运相;嘴唇殷红是吉相,紫色表示淫相或者易患心脏病。

3. 不张嘴也能看出的秘密

在人际交往中,对方的嘴巴即使不开口说话,也可以"无声"地传递给我们许多有用的信息,比如是否产生了爱情,意志的强弱,尤其是健康、婚姻状况等等。不仅如此,嘴部的惯常动作,也往往能影响一个人的嘴型,我们也就能从嘴型窥探出一个人的性格,进而看透其内心。

那么,生活中我们常见的嘴巴类型到底有哪几种呢?各类型的人又具有怎样的性格呢?

仰月形,也称新月嘴,唇角上扬。

这种人情感丰富,性格开朗,性格温厚,富有幽默感。他们往往头脑灵活,思路清晰,意志坚定,工作能力很强。在职场生活上,这一类人也往往比较得意,他们总是能很快地找到适合自己的工作,这常常让别人感到羡慕。

伏月形,此种嘴型唇角下垂。

拥有此种嘴型的人性格谨慎,但脾气怪异,性情冷峻,不太容易和人相处,他们喜欢怨天尤人,因此,这种人的人缘往往不佳,他们有着独来独往的个性。其实,这种人是非常体贴的,遗憾的是这份体贴之心往往被他们怪异的性格所掩盖而难以体现,才导致很多人远离这一类人。

四字形,此种嘴型的主要特征是似长方形四字一般,上下唇都比较厚。

通常来讲,拥有此种嘴型的人个性很强,又老实忠厚;性情温和,有正义感;头脑灵活,工作能力很强,这一类人在事业上比较容易取得成功。

一字形,上唇与下唇紧闭呈一字形。

这是一种有信念以及意志力强的体现,也是身体健康的标志,不过这种类型的人往往比较顽固。

修长形。

嘴型修长的人一般诚实守信、性格开朗,他们人品好,懂得人情世故,社交能力强,个性丰满,深受别人的欢迎与信任。

承嘴型,承嘴是下唇突出,似乎是承住上唇一般。

一般来讲,这种人喜欢讲歪理,任性自私,他们往往猜忌心比较重,因此也较难得到上司的赏识与提拔。不过,这种人的优点就是忍耐力强,他们能够忍常人所不能忍,这也是他们取得成功的一个基本条件。

盖嘴型。

这种类型人的主要特征是,盖嘴是上唇突出、盖住下唇的嘴型,正好和承嘴相反,而他们代表的性格也与承嘴所代表的性格相反。拥有这种嘴型的人是讲道理、个性强、有义气、正义感强的人,通常来讲,他们有着比较完美的人格形象。

怪嘴型,从外形上看,这种嘴型的人好似用嘴吹火般一样的形状。

一般来讲,这种人个性很强,有独立的性格,但有时候不免顽固、粗野,并因此影响人际关系。而且,此种嘴型的人好说闲话,这也导致他们与别人的纷争不会太少。

虽然嘴型不能很完全地表露一个人的内心世界,但嘴的的确确被人们称为是人体的"出纳官"。当我们在根据嘴型对人进行判断的时候,最好也能同时观察嘴巴的相关变化,这样会看得更准一些,才会更深地探究到其中的真相。

同时,从嘴唇的厚薄情况我们也能观察到一个人潜在的性情。

通常来讲,厚嘴唇的人为人比较热情,而绷紧或薄的嘴唇则为人比较严厉,绷紧的或薄的嘴唇是绷紧口轮匝肌的特有的结果。

而如果一片嘴唇绷紧另一片嘴唇松弛丰满,这可能意味着此人具有矛盾的双重性格。

一般来讲,嘴部周围肌肉的收缩有时可以看成是担心上当受骗,希望抵挡住外界干涉的一种信号。

如果一个人"上唇总是绷得紧紧的",那么他的目的是为了控制自己的感情或抵挡住他人对自己的影响。

因绷紧而卷曲的嘴唇常常对应着严厉、残忍、盛气凌人的性格。英国著名的文学家雪莱在《王中之王》中描绘奥齐曼迪亚斯这位古代帝王时,这样写道:"被发掘出来的他的铸像上那卷起的嘴唇无声地告诉人们,这个人曾经有过残暴无情的行径。"由此可知,嘴唇也是我们判断一个人性情的一个重要标准。

通常来讲,一张"易怒的、生气的"嘴是嘴唇习惯性地向外突出,这种嘴常常也是一种忧郁或病态性格的信号。下垂的嘴唇与两边口角下挂往往是由于长期的悲观厌世、生气、不愉快所导致的。而相反地,那种活泼、乐观的性格的人是口角向上提起、向上扬的。

"毫无血色"的嘴唇表示一个人缺乏生机或斗志,或是表示一个人内心残忍。正如莎士比亚在《朱利叶斯·凯撒》中所描绘的那样"他那懦夫的嘴唇顿时毫无血色"。

曾经就有医学专家们建议,如果去赴心上人的约会,那么在热吻的间歇可以仔细瞧瞧对方的嘴唇,从嘴唇可以看出对方的性格和健康状况。

其实,不管是在恋爱中还是在工作中,当与对方交流时,我们要时刻注意观察对方的嘴型以及其说话时嘴巴的变化,能够较准确地判断出对方的性格,揣摩透对方心理的变化。这样就能在交际中游刃有余,同时增大实现目标、办事成功的概率。

2. 咬嘴唇的人心里到底在想什么?

司空见惯的咬嘴唇,实际上是一种含义十分丰富的肢体语言。在不同的场合,人们会用它传达不同的内心状态:

内心紧张

有些人在内心感觉紧张时会咬嘴唇,比如犯了错误的小孩在面对老师或父母时,十分内向的人需要对众人发言时,等等,都容易出现咬嘴唇的动作。之所以如此,可能与人体在紧张时的生理反应有关。紧张时,人的心跳会加速,血液的流动会加快,流经唇部的血液也会相应增多,导致人的嘴唇出现一种微胀感或微痒感,这种热乎乎的感觉会让人下意识地去碰触它,而碰触嘴唇最简单又最隐蔽的方法,当然就是上齿轻咬下唇了。

暗示焦虑

内心感觉焦虑时,人们也容易咬嘴唇。一个非常典型的例子是,2001年"9·11"恐怖袭击事件发生后,获悉此消息的布什就下意识地咬住了嘴唇。后来在许多场合,只要涉及该事件时,布什都出现了这个下意识的动作。而且在其他一些场合,当局势让他感觉有压力时,他也会用这个小动作来掩饰自己的焦虑。

感觉恼怒

有恼怒之感时,有些人也会出现咬嘴唇的动作。最明显的例子就是在赌场,当某人不幸拿到一手烂牌时,他多会鼻子轻皱、轻咬嘴唇。如果恰好其对手还是个深谙心理的人物,那这局对于他来说就十分危险了。

自我惩罚

如果仔细观察,你会发现运动场上的运动员们在遭遇失利时,多会做出咬嘴唇的动作。这种场合中,咬嘴唇除了表示焦虑外,也可以说是在进行自我惩罚。再比如,有些比较要强的孩子在考试考砸后,甚至会将自己的嘴唇咬出血泡或干脆咬破,这种反应都属于自我惩罚的行为。

强做隐忍

被人误解或侮辱时,许多人也会很自然地做出咬嘴唇的动作。显然,这是人们心存不满,但又希望能够控制自身情绪的一种隐忍的表现,也可以看成是他情绪爆发的前期阶段。

除了咬嘴唇外,有些人在内心紧张,感觉不安全、不舒适时,也会去下意识地咬笔杆、咬指甲等,以期获得心理安慰。这些动作可以看做咬嘴唇的变体,与其有着相似的含义。

总结上述种种,不难看出,咬嘴唇在一般情况下都传达了一种消极的意思,使动作执行者在无形当中透露出自己内心的负向情绪。正因如此,很多人都希望改掉动不动就咬嘴唇的毛病,避免被对方看透内心。那么,如何才能改掉此类动作呢?

首先,你可以利用心理暗示。心理暗示有强大的效用,当你一遍遍地告诉自己"我不紧张,我不紧张"时,在很大程度上,你的紧张感就会被缓解。因此,针对自己最容易出现咬嘴唇动作的心理状态,你可以设计一句简短的有助于舒缓情绪的语言,在每逢那种心理出现时便反复默念。

其次,你可以试试心理疗法中的"系统脱敏疗法"。具体来说,你可以在每次咬嘴唇时,就强迫自己去做一个令自己不舒服又比较隐蔽的动作,如用指甲狠狠地掐自己一下,或者使劲咬一下自己的舌头等。长此以往,你就会渐渐消除这个动作。

最后,必须提醒大家的是,如果你正在参加工作面试或者初次与异性约会,那么无论如何,你都要避免此类动作,不仅因为它们看起来不美观,还因为它多半传达的是一种负向信号,会让对方对你的印象大打折扣。

3. 温和的抗拒:嘴部的非语言行为

我们通常都想当然地认为,微笑是展示一个人幸福与快乐的信号,是表示顺从的信号,但是设想下面这个场景,这种情况下的笑表示什么意思呢?

一个女孩满头大汗地给男朋友做好了菜,然后满怀希望地看着男朋友品尝自己的菜,男朋友咀嚼了几口,紧闭双唇微笑着朝女朋友点点头,竖起大拇指,女孩高兴地冲进厨房去端另外一盘菜,男孩赶紧吐了口中的菜,急急地喝了口水,然后又看着翩翩而来的女友,紧闭双唇朝女友笑了一笑。

从男孩独处时的真实反应,我们知道男孩对女孩做的菜不认可,所以他在表示表面上的赞许时紧闭着双唇微笑,而没有真正开心地开怀大笑。这种紧闭双唇的微笑其实表示出了男孩的温和的抗拒。

紧闭双唇微笑表示反对

两个女同事正在讨论另外一个刚刚获得升迁的女同事。

其中甲说道:"她专业能力很强,而且她非常会处理人际关系。"说完,甲露出了紧闭双唇式的微笑。

乙对答:"是的,她非常知道自己想要的是什么,目标特别明确。"

如果一位女士在你说话的时候保持这种微笑,你会想到什么?

真实的答案是:对你表示尊敬,但对你说的话,她是不置可否的。其实,两个人都没有说出她们的真心话,她们抿着双唇微笑的动作告诉我们,她们的真心话应该是:"这个女人野心也太大了……这个女人是个爱出风头、会诱惑男人的小妖精!"

我们常常在电视上和杂志上看到一些名人在微笑时紧闭着双唇,嘴角向后拉升,不露出一颗牙齿,整个嘴唇成一条直线。这个微笑的含义是:我并不太赞同你的意见,我的内心深处藏着你不知道的真实想法,我也不想告诉你。

例如,很多人在面对不中意的相亲对象或者自己不认可的领导时,对于对方的反应总是紧闭双唇的微笑,这种微笑其实就是一种形式温和但明显表达拒绝和反对的微笑。

有个记者说,他采访了很多成功人士,他发现成功人士都有一个习惯,那就是在被问及成功的细节问题时,他们总是抿嘴微笑,然后一带而过。之所以会这样,是因为他们并不想把成功的细节公布于众,他们对于此种问题有抗拒意识。

磨炼你的幽默感,引导对方开怀大笑

开怀大笑能够使气氛更加融洽、和谐,还可以为我们赢得更多的朋友。因此,为了避免和别人交谈过程中的冷场或者尴尬,我们应该学会引导对方开怀大笑。

心理专家认为,追求快乐是人的基本心理需求,每个人都希望心情愉快,只有对方感到了愉快,他才会和你敞开心扉。而活跃气氛最好的方法是磨炼我们的幽默感。

和朋友在一起时,我们很放松,说话很风趣,大家会说一些俏皮话,开一些玩笑,谈话氛围非常好。反过来,正是因为能开玩笑,大家的感情才会更好,因此,只有带着幽默说话,才有机会和每个人成为朋友。我们在表现幽默时,插科打诨也可以,只是不要害羞,无聊的笑话也可以让对方放松戒备,敞开心扉。

要想磨炼幽默感,我们需要在平时多搜集材料,例如多看看网上的新闻、多听相声、多看娱乐节目。在搜集到这些材料后,适当进行一些加工,在和别人聊天时加入话题之中,你们的谈话就会生动、活泼起来。

和眼睛一样,嘴也能为我们提供很多有价值的信息。当然了,嘴也受大脑的操纵,也会向我们传递一些虚假信息。因此,在解读的过程中我们一定要格外小心。

真笑与假笑

大家都知道,笑可分为真笑和假笑。只要你肯下工夫练习,用不了多长时间,你便能分辨出真笑和假笑。有一种方法可以推进你的学习进程,即根据你周围的人对彼此的感觉,观察他们打招呼的方式。例如,假设你知道你的一位业务伙伴喜欢A君但不喜欢B君,而两个人都受邀参加这位伙伴举行的聚会,那么注意观察一下他在门口接待这两个人时的表情,你一定能立刻找出这两种笑的区别。

一旦你掌握了微笑晴雨表,你便能酌情处理与他们的关系。你还可以通过观察别人脸上的笑,估算对方对你的想法和建议的态度。得到真笑的想法值得进一步开发和跟进,而得到假笑的建议则应重新评估,或被暂时搁置。

这种微笑晴雨表适用于朋友、配偶、同事、孩子,甚至是老板。它能够反映人们交流过程中的各种感觉。

冷笑

跟斜视一样,冷笑同样也是一种表达轻视的举动,而且在世界范围内通用。

当我们冷笑时,颊肌(位于脸的两侧)会一起将嘴角拉向耳朵的方向,使脸上露出嘲笑的表情。这种表情清晰可见,哪怕只是片刻的出现,也能让人感受到其中的用意。

华盛顿大学的研究员约翰·葛特蒙发现,在已婚的夫妇中,当一方开始冷笑对方时,他们的感情很可能已经出现了问题。我也注意到,在联邦调查局的调查中,嫌疑犯常常做出这种动作,因为他们认为自己知道的比调查者多,或感觉到官方并不了解整个案件的真相。

嘴部的其他非语言行为

小丘是公司新来的主任助理,负责辅助办公室主任处理相关工作。上班的第一天,她早早地到了办公室,准备收拾桌椅板凳。忽然,她在主任的桌子上发现了一支铅笔,其实这支铅笔没有什么独特之处,只是铅笔头的部分,很明显有不少被咬过的痕迹。她当时也没想,就把那根只剩下六七厘米的铅笔扔到了垃圾桶里。

没想到,上班之后主任还没坐下就开始找东西。小丘连忙问:"主任您找什么呢?我帮您找,早晨是我收拾的桌子。"主任问:"你看见我的铅笔了吗?"小丘想了一下说:"我看它太短了,就扔了。"主任一皱眉:"嗯,算了,没事了,你去忙吧。"

下午小丘进去送文件,看到主任嘴里正叼着一只新铅笔看文件,心想难道我扔的铅笔是被主任咬的?这人还真奇怪!怎么有这种小孩才有的习惯啊!她跟别人一说,原来别人早就知道主任有这个习惯,已经见怪不怪了。

上任两个月后的一天,小丘接到了总公司的通知,让他们分公司今天下午把财务报表整理出来,用邮件的方式发过去。她连忙去通知主任。这时候主任正在为这件事情着急,因为分公司的会计中午刚刚因为孩子生病告假回家了,一两天都未必赶得过来。

小丘跟主任说,让他回个电话给总公司,没想到主任一手拿着刚刚从嘴里拿出来的铅笔,冲着她嚷道:"催什么催,要回电话你自己回去!"

小丘气鼓鼓地出了办公室,愤愤地想:冲我发什么火,有本事跟总公司叫板去!还好会计第二天上午就回来了,解决了这件事。为什么主任会冲着无辜的小丘发火呢?其实从他爱咬笔头的习惯就可以窥见一斑了。

心理学家将习惯动作定义成为一种自动化了的反应倾向、活动模式或行为方式。一个人的某种习惯动作往往是在一定时间内逐渐养成的，这种习惯一经养成，那几乎就像一种瘾，难以戒除。

可以说每个人或多或少都有些特殊的习惯性动作或姿势，而且其中很多可能自己从来没有察觉到。这些动作或姿势，大多数是无意识的、自发的和不经自我分析作出的，甚至习惯动作的拥有者都意识不到这些动作是怎样作出的。

从心理机制上看，习惯动作是一种需要。如果不这样做，就会感到很别扭。比如，将两手的手指交叉时，必然有一个大拇指位于上面，压住另外一个，至于究竟是左手大拇指在上面，还是右手大拇指在上面，就算不加思考，也会按照固定的姿势摆出来。而如果你试图颠倒一下位置，将习惯放在上面的大拇指放到另一个大拇指的下面，一定会觉得自己双手的姿势古怪而别扭。

事实上，人们的每一个身体动作几乎都有其独特的固定模式。这些固定模式就是行为的基本单位，也是你和上司交流过程中洞察对方心态时必须加以注意的。如果你能够观察上司肢体动作的表现形式、出现时的背景以及它们所传达的信息，就算不追究它是怎样形成的，也能透视上司的真心。

比如，上面小故事中的办公室主任，就有着一个鲜明的习惯动作——咬笔头。心理学家研究发现，那种沉思或与人交谈时经常用嘴咬笔杆或其他物品的人，性格大多比较内向，好我行我素，不喜欢受拘束。这种人在心急如焚的情况下，就像炸弹一样，是不能碰的，在那种情况下，尽管他们性格内向，也会因为被"逼"急了而大发雷霆、怒不可遏。

嘴唇的消失、挤压和呈倒U型

即将出庭作证的人总是把嘴唇藏起来，这说明他们的压力很大。在压力状态下，藏起嘴唇是再普遍不过的一种反应了。

我们常常做出挤压嘴唇的动作，仿佛是大脑在告诉我们闭上嘴巴，不要让任何东西进入我们的身体。嘴唇的挤压是消极情感的一种反映，它清楚地表明一个人遇到了麻烦，或某些地方出了问题。这种行为很少有积极含义，可能从来都没有。但这不表示做这一动作的人存在某种欺骗行为,只能说明他们当时压力很大。

嘴唇缩拢

注意观察一下,你和别人说话时有没有人做出缩拢嘴唇的动作。如果有,说明这个人不同意你们所讲的内容,或是他正在酝酿着转换话题。了解这一信息,有助于我们继续自己的描述、调试自己的提议或主导一段谈话。

这种动作在审讯中时有发生。当一方律师陈述时,另一方律师常常会缩拢嘴唇以表示意见不同。法官如果不同意律师陈述,也会做出这样的动作。另外,嘴唇的收缩还发生在警察审讯的过程中,特别是当掌握的关于某个嫌疑犯的信息不准确时。嫌疑犯会缩拢他的嘴唇表示不同意,因为他知道调查人员弄错了。

在商务活动中,嘴唇缩拢的动作屡见不鲜。例如,当有人读出合同上的某一段内容时,反对者会立刻缩拢他们的嘴唇。再或者,在讨论晋升人选的过程中,当不太受青睐的名字被提及时,有些人就会缩拢嘴唇。

第三章

音容笑貌——神态彰显真实的自我

在一次洽谈会上，对方笑嘻嘻的完全是一副满意的表情，使人很安心地觉得交涉成功了，"我明白了，你说得很有道理，这次我一定考虑考虑"。可是最后的结果却是以失败而告终。在很多时候，人们纵使情绪很激动，也会伪装成毫无表情，或者故意装出某种相反的表情，所以如何去探测对方的表情底下所隐藏的真实情绪，对探测者的观察力提出了更高的要求。

人们在欢欣喜悦时会表现出高兴的表情，脸颊的肌肉会松弛；

人们在愤怒时会表现出扭曲夸张的表情；

人们在嫉妒别人时会表现出喜怒无常的表情；

人们在遇到悲哀的状况，自然会泪流满面。

……

不过，也有些人不愿意将这些内心活动让别人看出来，单从表面上看，就会让人判断失误。

美国心理学者奥古斯特·伯伊亚曾经做过这样的实验，让几个人用微表情表现愤怒、恐怖、诱惑、漠不关心、幸福、悲哀这六种感情，并用录像机录下来，然后让人们猜哪种表情表现哪种感情。结果平均每人只有两种判断是正确的，当表现者做出的是愤怒的微表情时，看的人却认为是悲哀的表情。

从微表情窥探他人的内心秘密好像简单，实际上并不容易。

笑容人人皆有，巧妙各自不同

笑是人们日常生活中用得最多的表情之一。

美国精神病学专家威廉·弗赖依博士强调：生活里不能没有笑声，没有笑，人们就容易患病，并且容易患重病。

虽然形形色色的笑容并不都是发自内心的,但在现实生活中,无论真笑假笑,只要投入去笑,都对身心有益。

因为开心地"真笑"时,大脑的愉快中枢会兴奋;

而努力"假笑"时,这个动作也会刺激大脑中与愉快感觉有关的相关区域。

所以,当感到失落、郁闷、难过的时候,不妨对着镜子,咧嘴提起嘴角,同时下拉眉毛,眯起眼睛,尽量做出一个真笑的动作,试着感受笑容带给你的放松与宽心。

1. 解读笑容背后的心理秘密

我们都爱笑,无论是嘴角上扬的嫣然一笑、眉毛舒展的会意而笑,还是放开嗓门的酣畅大笑、泪光闪闪的破涕成笑。呵呵、咯咯、哈哈、嘿嘿,笑的语言谱写出一首首动情的心理旋律,让人深受感染。

但是,又有几人知道笑的秘密呢?

为什么我们喜欢笑?

笑是人类独有的表情吗?

笑一笑,真的就能"十年少"吗?

当身边的人在开怀大笑时,你也想加入其中吗?

你在笑什么?

聊天的时候,有时候别人会问:"你在笑什么呢?"

如果忽略任何具有攻击性的意图,这个问题的答案显而易见:我之所以笑,是因为你说的话使我发笑。

这个回答正确吗?答案并非完全正确。

美国马里兰大学的罗伯特·普罗文教授是研究笑的专家。他曾和同事一起在大型商场里观察人们发笑的情况。他们一共记录了1200次发笑事件,发现其中只有10%~20%的发笑事件是因为听见了笑话而发笑。事实上,发笑事件大都由一个乏味的评论引起。发笑更像是每天普通谈话中的一个小插曲,如语气词一般平常。

普罗文在他的著作《笑:一项科学调查》中写道,我们说话时发笑的概率比听别人说话时高出50%;当我们处于社交环境中时,我们发笑的次数是我们独处、且身边没有任何娱乐工具时的30倍。普罗文认为,引起人们发笑的重要因素并非笑话,而是人。笑不只是对幽默做出反应的寻常事件,它是人们在社交的各个环节中都会使用的社交纽带,把我们与周围的人绑在一起,让我们彼此更为融洽。

我们的第一声笑发生在2~6个月时,那时我们还是一个几乎对周围环境没有感知的婴儿。在和父母玩捉迷藏游戏时,你会出其不意地发出笑声。笑能鼓励婴儿通过感知周围环境来探索世界。当婴儿开始加入追逐打闹的游戏时,笑意味着这并非真正意义的打斗,允许孩子无需通过真正的危险较量来感知人际交往的界限。

在普罗文看来,与人交谈中的笑是社交活动中的润滑剂。它能引起对方的兴趣,消除对方的紧张情绪,缓和谈话氛围。笑还能让人们轻视压力或轻松面对困境。美国佐治亚州大学的心理学家迈克尔·奥恩说:"你能通过笑影响其他人的行为。"在工作环境中,笑能调动小组成员的情绪,提高他们工作的斗志,使得彼此之间的合作顺利。

笑是人类独有的表情吗?

1712年,英国作家约瑟夫·艾迪生写道:"人与其他动物的区别之一在于人会笑。"但是,现代科学改写了他的这一判断。

一直以来,人们都自信地认为,没有任何其他动物能像人类一样笑。直到人们发现猿猴能够学会直立行走,人们才意识到,猿猴可能也会笑。通过缓解胸腔的压力,直立行走确保猿猴在呼吸的同时张嘴发声。比如,发出类似笑声的哈哈声。

如果笑真的只是一种社交润滑剂,那么,我们的近亲猿猴会笑一点都不奇怪。普罗文发现,猿猴在追逐打闹中,的确会发出一些类似笑声的声音。只不过,这些声音没有人类的笑声悦耳,更像是换气时的喘气声。所以,猿猴的"笑声"与我们的有所不同。当普罗文把黑猩猩的一段"笑声"录音播放给他的学生听后,大部分学生认为这是狗的喘气声,还有一部分学生认为这是拉锯或砂纸打磨的声音。

美国华盛顿大学的亚克·潘吉斯波通过记录老鼠的声音发现,当给老鼠挠痒痒时,它们会发出50千赫的超声波。在他看来这就是老鼠的笑声。他认为,研究老鼠的声音,有助于了解人类笑声的神经生物学秘密。正所谓"人有人语,兽有兽言",笑并非人类独有,其他动物也并非不会笑,关键要看我们是如何定义"笑声"的。

为什么笑具有感染力?

英国作家查尔斯·狄更斯在他的作品《圣诞颂歌》里这样写道:"这真是一个公平公正、不偏不倚而又十分高尚的合理安排:在疾病和烦恼能传染开来的时候,这个世界上再也没有什么东西像大笑和心情愉快那样有不可抗拒的感染力。"

遗憾的是,160多年以后,我们仍然不知道,为何笑具有不可抗拒的感染力。

英国伦敦大学的索菲·斯科特给20位志愿者播放录音,并通过磁共振扫描仪监测20位志愿者的大脑活动。这些录音里有笑声、欢呼声、抱怨声和不带有任何感情色彩的人造声音。结果发现,所有具有感情色彩的声音都能引起大脑前运动皮层的活动。不过,大脑对笑声和欢呼声的反应比对其他表达消极情绪的声音的反应剧烈许多。这表明,当我们听到别人的笑声和欢呼声时,我们最想去模仿。

这似乎为笑是如何传染的提供了合理的解释。但是,为什么如此呢?一种解释是从进化的角度出发的。在动物的追逐打闹中,"笑声"向对方发出这样的信号:这场打斗纯属嬉闹,并不是真的。这个安全信号非常必要,否则嬉闹式打斗很有可能演变成危险的恶斗。斯科特还提出另一个解释。她相信,感受他人的情感可以促进人际交往。在社交环境中,对同一个笑话发出笑声,表明你很想和周围的人打成一片。这可能就是为什么笑具有感染力的重要原因。

笑是良药吗?

"不经历风雨,怎么见彩虹。"这是勉励人们直面困难的良言。那么,一剂笑话良药能否缓解压力,有益身体健康呢?

为了评估笑对身体带来的益处,心理专家让14位志愿者观看一段20分钟的笑话录像,检测他们在观看之前和观看之后的血压和胆固醇水平。结果发现,这些志愿者在"大笑运动"后,血压和胆固醇都有所降低。相比之下,观看悲伤的影片并不能达到上述效果。

笑的好处还不止这些。笑可以帮助患者摆脱病魔。有研究发现,笑能增强体内抗体的产生和自然杀伤细胞的活力,以此增强身体免疫力。母亲的笑甚至能改进她的母乳质量,提高新生儿对抗皮肤过敏症的能力。这些似乎表明,笑能延长人的寿命。看来,"笑一笑,十年少"不无科学道理。

2. 笑其实是一件严肃的事情

对心理学家而言,笑也是一件严肃的事,因为笑能透露人的某种心理。

心理学家们发现:笑是人类与他人交流的最古老的方式之一。但是很久以来,人们只把笑当成是幽默感的体现,人类笑是为了和别人团结一致或者嘲笑他人,要么就是用笑和别人调情。说到底,我们中的每一个人早在学会说话之前就学会"笑"了,但是真正了解"笑",掌握"笑"的内涵的人却不多。

女人比男人更擅长笑

当男人发出低沉的笑声时,频率达到43赫兹,而女人尖锐的笑声能高达2083赫兹,甚至能让玻璃破碎。此外,女人的笑声更加动听,而男人大多数时候只能喘息一样地笑。但是当男人们在一起的时候,他们更能笑。当女人和男人在一起时,她们笑得更多。

当女人和陌生男人交谈时,如果她只发出"哈哈哈"的笑声,那就说明她没什么兴趣。如果女人笑出声的次数越多,那么她对这个男人的兴趣越浓厚。当她的盈盈笑语和那个男人的话语同步产生的时候,她的兴趣就最浓厚。

女人比男人更会利用笑

女人为什么比男人更懂得笑的艺术?这是因为女人要比男人更需要主导"找伴"的过程。相比而言,男人不像女人那样挑挑拣拣,所以他们的交流技巧,包括笑的技巧,始终停留在比较粗糙的阶段。

笑不仅仅是个人感觉舒适或者高兴的表现,笑还能让人在面对其他人时唤起某些情绪。女人好像能通过她们笑的方式向男人提出要求,愿意和他们下次再见面。女人这样还能不用说出自己的意图,微妙地表示接受一个男人或者干脆拒绝。

因此,女人的笑不仅是用来征服异性,它还能帮助女人摆脱男人潜在的侵犯计划。比如,单调的"哈哈哈"笑声既能达到防御性的目的,同时又不让男人丢脸。

不同的笑和地位有关

关系不错的男人在一起时,他们用哼哼的笑声和咳嗽的声音互相逗乐,这样能让他们之间的交谈一直保持积极的方向。或许男人们之间形成这种"笑的联盟",可以阻止互相间竞争和侵犯性的感觉产生。

在我们生活的各方面,笑都会对其他人产生影响。嘲弄的笑声把"受害者"搞得像傻瓜,把自己弄成侵犯者。一个团体内的人如果嘲笑一个人的话,等于把他排除在这个团体之外。尽管上司经常是无趣的人,他们还是用一种低声下气的笑表示附和——这都是为了在上司那里得到一个好印象。而上司们则用一种不同的笑让下属感觉自己的主宰力量。如果他们不采用一种简单的"呵呵"笑的话,却要边说话边放肆地笑,那么就要失去下属对他们的尊敬了。

◎经常悄悄笑的人

这种人的性格比较内向、害羞,头脑缜密而冷静,他们总是能作为一个旁观者来看事情,而且很善于隐藏自己,轻易不会将内心真实的想法透露给别人。这种人大多能委以重任,有领导的风范。

◎开怀大笑的人

这种人的性格一般比较豪爽,心胸开阔,眼光不势利,不嫌贫爱富,不欺软怕硬,比较正直。在别人犯了错以后,他们也会给予最大限度的宽容和谅解。当别人取得成就以后,他们很少产生妒忌心理,只会送出自己真心的祝愿。他们比较有幽默感,总是能在不经意间给周围的人带来快乐,同时他们还极富有爱心和同情心,经常会力所能及地给别人适当的帮助。

◎放声狂笑的人

这种人表面上比较木讷,但笑起来却一发而可收拾,或者经常放声狂笑,笑得甚至是前仰后合。这样的人性格比较直率和真诚,重义气,重感情,开始与这种人接触可能会给人冷淡的印象,但一旦与其真正地交往,他们一般是十分看重友情的,并且在一定的时候,能够为朋友作出牺牲。所以,这种人的人缘也比较好,能够营造出良好的人际关系。

◎笑起来发出"咻"的声音的人

这样的人对自己非常严格。他们的创造性也很强,想象力比较丰富,常常会有一些惊人的举动。而且他们很有幽默感,这是聪明和智慧的一种自然流露。一旦树立了远大的理想,必能全力以赴,不畏艰辛,奋战到底。

◎小心翼翼地偷着笑的人

在这种人的性格里,内向、传统、保守的成分占了很多,而与此同时,他们在为人处世时又会显得有些腼腆,但是他们却能与朋友患难与共。缺点是他们对他人的要求往往很高,如果达不到要求,就会常常发脾气,影响自己的心情。所以,在与这样的人接触时,要多加小心;做这样的人的下属更要加倍小心。

◎附和别人笑的人

这种人一般是看到别人笑,自己就会随之笑起来。他们的性格大多是乐观而又开朗的,生活比较积极向上。缺点是容易情绪化,心理波动较大。

◎笑不出声的人

这种人一般只是微笑,很少发出声音,他们的性格大多是内向而感性,性情比较低沉和抑郁,极易被外界所感染,比较情绪化,但是外表温柔、亲切,能够给人一种很舒服的感觉。他们有一些浪漫主义倾向,并且能在合适的时候,不惜代价地制造浪漫的机会。

◎用手遮笑的人

这种人性格大多比较内向,而且很温柔,多有城府,很少向外人透露自己的信息,包括自己的亲人。他们大多疑心比较重,对任何事物都持怀疑态度,很少相信人。通常他们心理压力非常大,常常胡思乱想。在工作中他们常常注意力不集中,容易被那些鸡毛蒜皮的小事扰乱心智。

◎笑声让人听起来很不舒服的人

这种人的性情大多是比较冷淡和漠然,比较现实和实际,自己也不会轻易地付出什么。他们善于观察,思维比较缜密,能观察到他人心里在想些什么,然后投其所好,待机行事。

◎笑中带泪的人

笑一般是不会出现眼泪的,但是一些人由于笑得比较剧烈,就会笑出眼泪。如果一个人经常出现这种情况,那就说明此人具有爱心和同情心,而且怀有一定的进取心和取胜欲望。他们在生活上也非常乐观,喜欢把自己的空间装扮得多姿多彩的。他们会在力所能及之内帮助别人,并不求回报。

◎笑起来声音柔和而又平淡的人

这样的人性格多较稳重,遇事比较冷静。他们比较明事理,凡事能够站在他人的立场上为他人考虑,人际关系处理得比较好,善于化解矛盾和纠纷。

◎笑声尖锐刺耳的人

这种人一般精力比较充沛,大多具有一定的冒险精神,为人比较忠诚和可靠。他们的感情比较细腻和丰富,生活态度积极乐观。

◎笑从鼻子发出的人

这种人其实是想忍住不笑,结果让笑声从鼻子哼了出来。这种人性格比较腼腆,为人谦虚,待人周到体贴,很受人尊重。他们也很善于交际,朋友很多。做事有原则,遇事沉着、冷静,一般不会鲁莽行事。

◎笑不可止的人

这种人性格比较开朗、活泼,有什么说什么,从不掩饰自己的喜怒哀乐,十分直爽,做事大大咧咧,不拘小节,充满正义感,乐善好施。所以,这种人朋友比较多,亲朋好友都非常喜欢他们。

◎经常"嘿嘿嘿"冷笑的人

如果一个人经常发出这样的冷笑,那么就说明这人非常阴险、狡猾,当与别人商谈时,如果对方发出这种笑声,则可以断定这次商谈多半不能成功,双方缺乏交流的基础。

◎经常发出不同笑声的人

这样的人,经常在不同的场合,发出不同的笑声,他们大多是比较现实的,而且思维敏捷、适应能力比较强。

3. 恋爱进行时,从笑容了解你在乎的人

恋爱中的人总希望能够更多了解对方的心思和个性。

笑是一个人心情的体现,笑的习惯有着千差万别,但通过观察笑的方式却能识别TA的内心和性格。

口两端向下,几乎不开口的眯笑

这类人倔强固执,有理想抱负,不易表露内心。

"哈哈哈"开口大笑

这样的人不拘小节,忽冷忽热,动作大方绝对不会拖泥带水。女性若这样发笑,一般是属于领导型人。

"吃吃吃"的笑

这类人想象力丰富,创造性很强,对生命的展望充满活力,很有幽默感。

笑得全身打晃

这样的人心胸开阔、很直率、很真诚。

看到别人笑,自己就会随之笑起来

这样的人乐观而又开朗,情绪化比较强,富有同情心,对生活的态度很积极。

平时少语,笑起来夸张

这样的人与陌生人交往的时候显得不够热情和亲切,一旦与人真正的交往,却是十分地看重友情,并且在一定的时候,能够为朋友两肋插刀。

紧张的笑

笑时慌张,忽然停止,看看别人继续笑便也笑。这是自卑感的表现,缺乏自信心,笑也怕笑得不对。

笑时用手遮住嘴

这类人大多比较内向,而且很温柔,不会轻易地向他人吐露自己内心的真实想法,包括好友。

笑起来断断续续

这类人性情大多比较冷淡和漠然。

轻蔑的笑

笑时鼻子向天,神情轻蔑,往往是人人在笑他也不笑,或只略笑几声。

需要注意的是,人们通常都会通过假笑来努力地隐藏感情和掩饰表情,如果我们不仔细观察就很难读懂他们。

早在一个世纪之前,科学家们就知道我们人类不仅有真心的笑容,还有装假的笑容。

当我们对周遭的事物并不真正感到亲近的时候,我们就会用假笑来面对,而真笑则为那些我们真正在乎的人或事物保留着。

事实上,几周大的婴儿就懂得把真心的微笑留给妈妈,而用假笑来面对其他人。

久而久之,研究者们就发现人们脸上之所以会露出真心的笑容,是因为受到两块重要的肌肉的作用,即颧骨肌和(靠近眼睛的)眼轮匝肌。这两块肌肉同时发力,使嘴角向眼睛上扬造成鱼尾纹,这也就是我们所熟悉的热情又真诚的笑容。当我们情绪消极的时候,很难假造出真正的笑容。

举个典型的例子来说,如果你不开心,你就不可能用颧骨肌和眼轮匝肌展开灿烂的笑颜(真笑),所以我们就会制造假笑。

当我们假笑的时候,使嘴角向两边拉伸的是笑肌。

但是和真笑不同的是,这部分肌肉虽然能够有效地拉伸嘴角,但却无法将嘴角向上抬起。

你不需要测谎机器就可以发现撒谎的男友或者心虚的小姑娘,因为说谎者虚伪的微笑在几秒钟就能戳穿他们的谎言。

真正的微笑是均匀的,在面部的两边是对称的,它来得快,但消失得慢,它牵扯了从鼻子到嘴角的皱纹——以及你眼睛周围的笑纹。

从另一方面说,伪装的笑容来得比较慢,而且有些轻微的不均衡,当一侧不是太真实时,另一侧想做出积极的反应。眼部肌肉没有被充分调动——这就是为什么电影中的'恶人'冰冷、恶毒的笑容永远到不了他的眼部。

"笑"的技巧

初次见面,想给对方留下好印象,还有一个威力强大的"武器",那就是笑容。通过笑容判断人也是我们的心理倾向之一。若一个人笑得天真烂漫,我们会认为这个人的性格也很天真烂漫。

有很多人不太擅长"笑",笑起来很不自然,甚至"皮笑肉不笑",这样不但不能给人留下好印象,搞不好还会起到反作用。因此,我们有必要站在镜子前重新确认一下自己的笑容。一般来说,我们认为笑容是天生的、无法改变的,但实际上,通过训练是可以加以矫正的。

美妙的笑容是给人留下好印象的一个"诀窍"。现在书店里可以买到训练笑容的专门书籍,想认真实践的朋友不妨去买一本来多多练习。如果嫌麻烦,也可以按照以下几个步骤进行练习。

①"笑由心生",即只有发自内心的笑,才是最自然、最美的笑。因此,和人交往时,必须心存善意。心中的善意以笑容的形式反映在脸上,对方自然会感受到你的善意,并形成良好的印象。

②面对镜子,练习将嘴角上扬。可以单靠脸部肌肉控制嘴角,也可以用手辅助,每次大约坚持10秒。稍微露出牙齿,效果更好。要注意每天勤刷牙,保持牙齿洁白,否则也起不到作用。

③练习眯眼睛。可以闭上一只眼睛,让这一侧的脸颊肌肉提高,从而提高表情肌肉的灵活性。

④说完一句话后,有意识地加入一个无声的"i"音,即只摆出发"i"音的口型。比如,"你好啊!(i)"。摆口型的时候,嘴角自然就上翘了,习惯后,就自然变成了微笑。

听到"练习笑",也许你会感觉丢脸,抑或不屑一顾。可是,笑容可以让我们的世界变得更美好,也可以让周围的人变得更开心。不仅如此,经常笑还能让我们自己的性格变得更开朗,也能给别人留下好印象。笑如此有用,我们不仅要经常笑,还要练习如何笑。

4. 微笑能够隐藏谎言吗?

微笑常被认为是一种展示幸福、快乐、对人友善的信号,微笑有感染力,当你向某人微笑时,无论真假与否,对方一般都会自然地回馈给你一个甜美的微笑。

但是微笑就能代表对方是真诚的吗?答案是否定的。微笑也能隐藏谎言!

什么样的微笑代表发自内心的开心?

法国科学家纪尧姆·杜胥内·德·波洛涅通过对断头台下身首异处的人们的头颅进行分析来研究人们面部肌肉收缩的方式。研究发现，人的笑容是由两套肌肉组织控制的。第一套肌肉组织是颧骨处肌肉，它可以带动嘴巴微咧，双唇后扯，露出牙齿，面颊提升，然后将笑容扯到眼角上。我们可以有意识地控制颧骨处的肌肉，在没有开心的事情发生时也可以调动这部分肌肉，以制造出虚假的笑容。

第二套肌肉组织是眼轮匝肌，它可以通过收缩眼部周围的肌肉，使眼睛变小，眼角出现褶皱，也就是我们常说的"鱼尾纹"，这部分肌肉是不受我们的意识主动控制的，因此，它调动起的笑容一般都是发自肺腑的真心笑容。因此，要想看一个人的微笑是不是发自内心的开心，我们可以看他微笑时眼角是否有"鱼尾纹"。因为敷衍或虚假的笑容只能引起双唇四周肌肉的收缩，而发自内心的开心不仅会使双唇后扯，嘴角上提，还会带动眼轮匝肌的运动。

真心的微笑一般都是嘴角上扬，而且有明显的鱼尾纹；而不是发自内心的微笑，通常只会嘴角上扬，但不会出现明显的鱼尾纹。

什么样的微笑代表他在撒谎？

虽然微笑具有传染力，但是同时微笑也可以被人为制造出来，也就是说微笑有真笑和假笑之分。

当看见有人在冲我们微笑时，我们大都会有一种满足感，而从来不会去思考笑容的真假。

而在微笑的感染下，人们常常会放松戒备，而那些爱撒谎的人则常常钻这些空子，在撒谎的时候用微笑做降落伞。为了不让假笑以假乱真，我们必须培养自己识别假笑的能力。

科学研究发现，如果是假笑，我们的左脑和右脑都希望我们的笑容看起来显得更加真实，但是控制面部表情的神经元大都集中在右半脑的大脑皮层中，而这部分大脑只能向我们的左半身发送指令。

因此，在我们自我意识的控制下，我们左侧脸庞和右侧脸庞的表情并不完全相同，左侧脸部的笑容会比右侧脸部的笑容更加明显。而如果是发自内心的微笑,左右两侧的笑容就不会有区别了。

在人们的惯性思维中,微笑代表真诚和接纳的意味,但是事实是,当一个人假笑时,他的微笑中可能隐藏着谎言。

警惕——"微笑抑郁症"

微笑抑郁症是抑郁症的一种,是多发生在都市白领身上的一种新型抑郁倾向。由于工作的需要、面子的需要、礼节的需要、尊严和责任的需要,他们白天大多数时间都面带微笑,久而久之成为负担,出现情绪的抑郁。

医院心理科门诊处,32岁的罗敏对着镜子努力地挤出微笑。最近半年来,升了职的她,觉得回家后微笑越来越难,"但如果你是我的客户,我能很快很专业地对着你笑。"

从事房地产销售工作8年,罗敏说,进入办公环境,她能自动面带笑容,但回家后就再也笑不出来,在儿子眼里,自己甚至成了"演员"。专家诊断后表示,罗敏患上了微笑抑郁症。

上班时她对谁都微笑

8年前,原本学法律专业的罗敏转行做起了房地产销售,从一名普通的售楼小姐开始,做到了现在的销售主管。罗敏说,一路走来有多不容易,只有自己知道,最最基本的便是,随时都得挂上一张笑脸,而且对谁都要笑得出来。

"我每天都要面对不同的客户,跟不同的人打交道,无论自己心情多不好,脸上都得带着笑容,时间久了也就慢慢成了习惯。"罗敏说,有时遇上不可理喻的客户,对方甚至会破口大骂,但看着自己身上的职业装,就得提醒自己必须专业,"客户是我们的衣食父母,不想砸了饭碗就得笑着,哪怕转个背你就得哭。"

罗敏说,在职场,笑容显得很微妙,除了对客人需要保持专业的微笑外,同事之间的相处,微笑也成了必需品。8年下来,自己每天笑眯眯地上班,面对领导笑,对着客户笑,面对下属时也尽量保持微笑,"有时候,我会负责教新来的员工,如何专业地微笑服务,笑得热情、自然,给人亲近的感觉,实际上我却觉得笑得很累。"

下班后自动成苦瓜脸

在单位笑容可掬,但办公室房门一关或是回家后,罗敏觉得自己就完全变了样,那张可人的笑脸会自动变成苦瓜脸。

"在外面越是笑得开心,越是笑得专业,我会觉得自己活得越假,面对家人时脾气也越来越暴躁。"罗敏说,有时回到家中后,自己会难以控制地把长期压抑的情绪发泄在丈夫身上,甚至出现争吵、摔盘子、砸电话的行为,"我自己也发现很少对家人笑,因为在外面我已经笑得很累了。"

让罗敏意识到自己可能出现了问题是儿子的一句话。国庆节前,公司组织聚会,要求带上家属,当晚罗敏带着老公和儿子盛装出席。席间,同事逐一前来敬酒,罗敏也举着酒杯笑着回敬。当晚,一家人开车回家时,坐在后排的儿子突然冲着她说了句至今让她都觉得很尴尬的话:"妈妈,你好像个演员哟,在外边就换了一张脸。"

当晚,儿子的话让罗敏很难受,她觉得自己就像个活脱脱的"双面胶"。

他总是微笑面对客户,女友却说他太社会

今年26岁的姜伟,是一名家装设计师。每当接到任务时,他总是拿着设计图满面笑容地面对客户,并谨慎地保持眼神交流,以表现对对方的尊重。姜伟说,自己已经习惯这样的工作方式,更觉得是一种职业习惯,对彼此的尊重。

但有时在工作环境中笑得多了、笑得太职业了,回到家后,还是想做回真实的自己。

"我女朋友是大学时的同学,现在在国企上班,她就很不理解我这种状态。"姜伟说,"我每天带着微笑去见客户,其实也是为了实现自己的工作价值。但女友却觉得我变得越来越社会了。"

她微笑婉拒顾客,竟被投诉:她嘲笑我

袁余在渝北一品牌汽车销售店工作,27岁的她有一张招牌式的笑脸。小袁自己也觉得,微笑是一种职业态度。但在最近,小袁却有点笑不

起来了。

原来，在国庆节期间，小袁所在的公司推出了一系列的购车送礼活动，而她负责在售车现场向顾客解释如何换取礼物的工作。当天，有位李先生买了一辆10万元左右的轿车，当小袁向他解释了如何领取礼物时，李先生一再地询问是否可以"多拿点"，小袁面带微笑地婉言拒绝。让人没想到的是，几分钟后，李先生以"那张脸一直在嘲笑自己买的车太低端"为由，把小袁告到了公司主管处。

解读——服务行业的白领易患微笑抑郁症

哪些人易患微笑抑郁症：绝大多数是职场白领，患者又以服务行业、公关业及窗口行业的从业者为主，常见于学历较高，有一定身份、职位的白领身上。

为什么会患微笑抑郁症：很多职场人白天大多数时间都需面带微笑，强压自己的愤怒、悲伤。回到家中后，隐藏着的委屈和不满就有可能爆发。时间长了，就会患上心理疾病。

支招——

不要一味地伪装，要学会释放压力

如何摆脱微笑抑郁，瞿伟教授表示，现代职业人往往会面临较大的工作压力，如果这种压力长期得不到释放就会化为一种隐性的"抑郁状态"。所以，必须及时地释放过大的压力，方式是多种多样的，比如和家人一起外出度假，还可通过各种放松活动、运动来释放，也可以选择独处，自由表达自己的愤怒和不满。在工作中，白领们还需学会静下来思考，反思自己的从业状态和心理，而不是一味地伪装自己。

参加系统心理培训，正确认识职业微笑。

作为职场人，我们的自我调节很重要。首先需要对职业微笑有一个正确的认识，自身也应学会疏解自己的坏情绪。而对于一些服务行业的从业者，甚至可以参加系统的心理培训。

似是而非的微表情——"我不是这个意思"

在人际交往中,特别是在职场环境下的人际交往中,我们总想通过交流拉近和别人的心理距离,让别人喜欢和接纳我们。

但是我们常常会因为一两个错误的肢体动作让别人产生误会。

要避免这些错误,我们必须学会解密一些表示排斥或接受的肢体动作,用正确的方法去应对它们。

1. 点头不是YES,摇头不是NO

一位先生去印度某大学做演讲。到了预订的宾馆后,他对那所大学派来专门接送他的司机说:"明天早晨八点,请你准时来接我。"司机冲他摇了摇头。

"明天早晨八点,请你准时来接我。"这位先生有点迷惑地重复道,他看到司机又冲他摇了摇头。

这位先生很是郁闷:"明天早晨八点,请你准时来接我。你为什么不?"司机有点害怕,赶紧又冲他摇了摇头。

终于,先生火了,他大声斥责道:"为什么你不?你是大学派给我的司机,为什么不能来接我?"

司机显然十分委屈,只听他说道:"我一直在摇头说'好的',为什么你还要骂我?"

原来,在印度,摇头才是"是"的意思!

大部分文化中,人们都用点头来表示肯定或者赞成,用摇头来表示否定或者反对,甚至连先天性聋哑或失明的人都会用点头摇头来表达这些意思。用这两个动作来表达肯否态度,似乎是人们与生俱来的本能。但是如果你因此便认为所有人的点头都是表示肯定,所有人的摇头都是表示否定,那你可就大错特错了!

开篇的小故事已经告诉我们,在印度,人们会用摇头的动作来表示肯定,用点头的动作来表示否定。与此相似的还有伊朗、保加利亚和希腊的部分地区。即便是近在咫尺的日本,他们点头的意思也跟我们有着显著的差别。与人谈话时日本人会频频点头,但是这个动作的意思多半是"你说的话我听到了",或者"啊?是吗"等,而不全意味着"你说得对"、"我明白了"之类的肯定含义。而在阿拉伯国家,单一的点头动作是用来表示否定态度的。

不要觉得他们的风俗令人费解,要知道即便在我们所熟知的日常生活中,点头也未必是完全用来表示肯定之意的,同样,摇头也未必完全用来表达否定之意。具体地说:

缓缓点头

如果听者每隔一段时间就向说话者做出点头的动作,并且速度较缓,每次点头两到三下,表示他对谈话内容很感兴趣。

快速点头

快速点头的动作能传达出"你说的太对了"、"我十分同意你的观点"等非常肯定的意思。但是有时候,它也可能是在告诉说话人"我听得很不耐烦,你不要再说了",尤其是配合着"好好好"、"我知道啦"等语言时。另外,它也有催促之意,即催促说话者快点结束发言,以便听者自己来表达。注意,如果听者不但点头速度很快,而且点头频率很高,那么一般来讲,他是对你的谈话不感兴趣,希望你快点闭上嘴巴。

缓缓摇头

缓缓摇头一般是用来表示否定之意的,比如"我不同意你的观点"、"我没有听懂你的意思"、"我不会按你所说的去做",等等。

快速摇头

快速摇头除了表达否定之意外,有时也会被女孩或一小部分男孩用来表达"害羞"和"腼腆"。但表达后一种意思时,摇头的幅度多会比较小。如果在小幅度较快摇头的同时还伴有低头的动作,则可断定必是"害羞"

无疑。

看来,我们应该改一改既定的思维习惯,从交谈的具体场合,再结合对方的具体反应,去理解其点头或摇头的意思,而不是一味地认为"点头yes摇头no"。

明白了点头、摇头的复杂内涵,我们就要注意,当想对说话者表示我们对他所说的很感兴趣时,就应该向对方缓缓地点头两三下,同时表现出认真深思的态度。

如果老不点头,就会让对方觉得"这个人不好说话"。

如果对方不轻易向你敞开心扉,而你又希望和他深谈,你更要在他说话时稍稍提高点头频率,因为这样会激发说话者的表达欲望,甚至能够让他比平时健谈三四倍,而当我们希望对方快点闭嘴,又不想用语言来引发他的不快时,则可以用快速点头的方式来传达我们的意思。

同样,你也可以按照摇头的更多内涵来强化自己的相关动作,以便利用它传达更丰富的意思,获得最理想的交谈效果。

需要特别提出的是,你不用担心对方"听"不懂你的动作语言,这些天生的、源于本能的动作基本上是人类通用的沟通工具,只要你做出来,对方就会在不知不觉中领略你的意思,从而迅速调整自身的状态。

迟疑:一闪而过的面部表露

在突发的场合或者不可能做精心准备的场合,判定一个人是否是在真诚地交流,还是试图以谎言应对,面部表情的瞬间迟疑是一个显著的信号,甚至可能是社交中能够发现的第一个重要的谎言信号。

说谎的人一般最注意控制的就是自己的语言和面部表情,他们知道交谈的对方特别在意的就是这些,但他们对自己言辞的控制往往比对脸部的控制更成功。因为掩饰言辞很容易,只要事先准备好,在没人的时候念两遍就可以了,而隐藏面部表情则是一件很困难的事情。

发现面部的迟疑信号

一般来看,当一个人试图掩饰谎言时,脸部是最重要的一个地方。大多数人会通过微笑、点头等来调整和掩盖自己的内在心理活动。然而,心理学的研究表明,我们的脸部特征很难被完全控制。

一个明显的情况是,当一个人试图掩饰谎言时,尽管他会微笑、会点头,或者眨眼睛,但是他的整个面部表情会出现短暂的凝固——一种类似于停顿下来的生硬的面部"迟疑状态"。这个状态大概会持续2~3秒。

所以,如果你足够细心,你会发现在很多场合都会存在类似的情况。

如果你希望洞察这种心理活动,那么你应该更敏锐。比如,在你与对方谈判的时候,又或者在你与对方聊天的时候,更或者当一个男人夸耀自己与妻子或丈母娘的关系如何如何融洽的时候,你需要仔细观察他的表情。如果这个人所说的和所想的并不一致,那么他的脸部肌肉总是会瞬间僵硬,而且会持续2~3秒——这就是典型的迟疑状态。

迟疑会辅之以停顿的语言

迟疑的表情是最常见的试图撒谎的迹象。

更进一步,随迟疑而来的吞吞吐吐的语言则会进一步明确对方的撒谎企图。这种吞吞吐吐通常具有下面三个特征:

(1)在讲话过程中较短的停顿出现得过多。常见的是夹入无意义的语音,如"呢""啊""哦""嗯"等。

比如一个上门的推销员,当你问他"是否能给予一年的保修"时,他这样回答你:"嗯,啊……好,你放心,有的。"

这样你就该怀疑了,当你再深入地问他,或者要求其出示保修证明的时候,他的谎言便会不攻自破,如果你相信了他的话,到产品需要维修的时候,那将证明他的话是一个大大的谎言。

(2)重复某一个词。如"我,我,我说我确实……"

(3)把某些词拖得太长。如"我确——实很喜欢","这个肯——定有"。

如果拿不准,就从他的左脸判断

面部是表达情感和态度的首要信息源,细微、瞬时的面部表情本来就不易被察觉,如果你遇上一个说谎高手,他充分准备了要说的谎言,可能你就无从分辨,那么,再教你一招:从左脸判断。

为什么大多数影视明星广告都是左侧脸?心理学研究表明,左侧脸更容易展露内在的感情变化,从而给人深刻的印象。左脸会更加清楚地把他的谎言展现出来,具体表现就是:犹豫、僵硬、凝固,你会发现那半个脸是如此的不协调。

我们常常可以在公共汽车上看见电影明星或模特儿的侧面广告。当时并没有任何特殊感觉,现在回想起来,那些人物广告和海报似乎都是左侧脸。

比如,有人拿一张相片给你看,借此判断你的性格特征。原本左右十分对称的照片,你却容易被脸的左侧面所吸引。一张脸谱照片,左方为气愤的表情,右方为微笑的表情,你看过后,却会被左方生气的表情所吸引,并会给你留下深刻印象。

据心理学家研究,发现其原因是眼球本身的右侧(对方眼球的左侧)容易移动,故人的视觉比较容易集中在对方脸部的左侧。同样,配合眼球的活动,感情在脸部的左侧比较容易显现出来。如果用脸的同一边所合成的照片来看,左脸比右脸的感情流露更为明显,当你无法抓住对方心理时,下意识地看看他的脸部的左侧,大致可窥知一二。

说谎的人最注意控制自己的面部表情,但即使控制得再好,他也会或多或少露出细微的迟疑表情,尤其是直接反应内心感情的左脸,表情更丰富、真实!

2. 十指交叉可能是心情愉快,也可能是怀有敌意

日常交谈中,我们经常会看到或在无意中做出十指交叉这个手势。这一动作貌似简单,实则内涵十分丰富。

我们先来看一个刑警所讲的小故事:

几年前,专案组曾经接手过一个重大的连环杀人案件。犯罪嫌疑人被抓以后,审讯很快就成了一件十分棘手的事情。因为那是一个极其聪明而且反侦查能力很强的男人,他的态度十分配合,可以说是有问必答,但是,他说的显然有很多都是假话,可恨的是他的谎言滴水不漏,我们无论如何都发现不了破绽,也确认不了他的话究竟哪句是真,哪句是假。这

种状态僵持了数天之久,我们想了很多办法都无能为力,眼看着再找不出证据就只能"放虎归山",我们全组都焦急不已。后来,一个曾经搞心理学的同行给了我们一个重要提醒,我们开始使用他所说的办法。

再次审讯时,我们安排了专人在一旁摄像,然后我们开始提出各种各样的问题。审讯结束后,我们反复看审讯过程的录像,其实我们只是在总结一点——回答哪些问题时,该犯罪嫌疑人的手势做了改变。结果我们发现,在回答一部分问题时,他的双手会比较自然地放在腿上,而且一般会一动不动;而回答另外一部分问题时,尽管他的眼睛依然会十分镇定真诚地看着我们,回答的内容也让我们挑不出任何毛病,但他的双手却会在不自觉中做十指交叉状,而且不断用一手拇指轻轻摩擦另一手的手背。

我们以此为线索发现了许多问题,最终将这个罪大恶极的家伙绳之以法。

你知道故事中的刑警是如何破解犯罪嫌疑人谎言的吗?

如果懂得"十指交叉"所暗喻的心理,你就会完全明白了。这个手势是个比较复杂的动作,搭配其他不同的动作,会传达出完全不同的意思。

十指交叉,自然放置

十指交叉后自然放置,多是说话者比较自信的信号。使用这种手势时,人们往往会神情坦然并且面带微笑。英国的伊丽莎白女王在出席皇室访问以及参加公众活动时,就经常使用这个手势,在做这个动作时,微笑的女王常常会把双手优雅地放在膝盖上。

十指交叉,双手紧握

这常常是拘谨、焦虑、消极、否定等心理的外现。由此可知,当在谈判过程某人使用该手势时,则证明该人已经有了挫败感,连他自己也认为自己的话缺乏说服力,开始自我否定。

我有一个做商务谈判的朋友,有一次,他因为丢了大单而懊恼不已,不断向我倾诉。结果我发现,在复述那件事的过程中,他的双手十指交叉握到了一起,并且越握越紧,以至于他的手指都开始泛白了,他的双手看上去就好像被焊在了一起,动弹不得。看得出,这件事使他相当沮丧和焦虑不已,他甚至因此产生了比较严重的自罚式消极心理。

十指交叉,自然放于身体胸腹部之间

这是一种传达"拒绝"心理的手势,也在一定程度上意味着挫败感。如果在交谈过程中,对方出现了这种手势,那么进一步的沟通就会相对困难。这时候,如果你希望交谈进行下去,就要立刻采取一些行动,解开对方那些缠绕在一起的手指,比如给他一杯饮料,或其他需要用手握住的东西。不然的话,他交叉于胸腹部的双手会像交叉于胸前的双臂一样,将你所有的观点和想法全都拒之门外。

十指交叉放于大腿,两拇指尖相顶

这种手势表示说话者不知如何是好,也就是当下的情境或话题让他感觉进退两难。如果遇到这种手势,你去观察一下,伴随着这个动作,对方往往还会有放缓语速,甚至咬下唇的动作出现。

十指交叉,一手拇指向上伸直

跟上一个动作不同,这个动作中只有一只手的拇指向上伸直,或者即便是两手拇指都向上伸直,两个拇指尖也不会顶在一起。这个动作的含义是:我很自信,我对自己所说的话十分有信心,对我们所谈的事情也报以十分积极的态度。

十指交叉,眼睛盯着对方

这个动作是一种忍耐之态,多表示该人正在努力压制自己的不满或反感之心。

十指交叉,置于面部

十指交叉时双肘撑起,从而使交叉的双手被置于脸前时,是一个很明显的"敌意"动作。该动作表示对对方已经心存不信任等消极情绪,不希望谈话再进行下去。

十指交叉,一手手指摩擦另一手

十指交叉在大多时候表现出的是一种负向心理。当处于怀疑或压力状态下时,人们多会在这个动作基础上用一只手的手指(通常是拇指)去摩擦另一只手的手掌。按照心理学的说法,这种自我接触会产生一种安慰大脑的功效,因此,他揭露了做动作的人内心的焦虑不安和复杂多变的心理活动。开篇故事中的警察之所以能够由犯罪嫌疑人的此动作推知其心理，就是应用了这个心理学知识。

奥巴马演讲时为何总攥紧拳头？

奥巴马当选美国总统以后，在发表就职演讲时，他在整个过程中不只一次出现了"攥紧拳头"这个动作。在后来的许多公开演讲场合中，他也经常使用这个动作。为什么呢？

因为攥紧拳头这种肢体动作能够帮助有声语言表达出更丰富的意思，从而使听众更到位地体会你所讲述的内容和你此刻的心理状态。

下面我们就来分析一下，这个动作具体都能传达哪些意思。

表示愤怒

在出现激烈的矛盾或纷争时，成年男人通常用攥拳或伸出拳头来展示自己的力量，某些崇尚武力的人，甚至会以"法远拳头近"作为解决问题的理念。在日常生活中，男人们打架的前奏可以为我们证明这一点：愤怒的一方用很大力气攥紧拳头，甚至把手指关节攥得咯吱作响，接着就迅速挥出拳头，朝对方出击。

遏制情绪

攥拳头也可以用来表示对内心某种强烈情绪的遏制。比如极度愤怒又不想上升到肢体冲突时，有人便会低着头紧紧攥起双拳。再如，因为听到某个不好的消息而十分悲伤或极度懊恼时，有人会攥紧拳头敲打自己的头部。

表示亢奋

拳头还能表达亢奋和庆祝之意。当运动场上的己方获得胜利时，运动员们常常用振臂握拳加上欢呼来表示庆祝，而作为观众的我们也会用攥拳振臂来表现内心的兴奋。

表示鼓励

在亲友即将进入比赛或走入考场时，我们会用攥拳的方式来给他加油，表示鼓励。运动员们在比赛之前，也会用这个动作来给自己加油，表现必胜的决心。与此相类似的，人们还常采取以拳击掌、互相击掌等动作来表达此意,只是力量稍轻。

表示挑战

遇到使自己不快的人时,或面对对手时,我们会以伸拳头来表示挑战、挑衅或攻击之意。也许正是因此,许多与"拳"有关的成语都表示这个含义,如"握拳透掌"。

表示犹豫

常常不自觉地做握拳手势的人,性格上多属于优柔寡断型,他似乎是在以这种动作来促进内心决定的形成。

表示紧张和防御

当人感觉情势或对方对自己不利,心里紧张不安时,也会将手攥成拳头状。这时候拳头传达出的是小心谨慎、紧张不安和情绪不佳的含义。延伸一下,在做出该动作时,人们的心里实际上已经做好了反击他人、抗击不利情境、保护自己的准备,因此它也传达着防御之意。而婴儿在突然受到惊吓时,很自然会把拳头握起,似乎也证明了以该动作传达此意是出于人类的本能。

3. 没表情不等于没感情

生活中,我们有时会看到有些人不管别人说了什么,做了什么,他都一副无表情的面孔。碰到这样的人,许多人都感到十分头痛。其实,没表情不等于没感情,因为内心的活动,倘若不呈现在脸部的筋肉上,那就显得很不自然,越是没有表情的时候,越可能使感情更为冲动。

例如,有些职员不满主管的言行,却又敢怒不敢言,只好故意装出一副面无表情的样子。事实上,不管如何压抑那股愤怒的感情,内心的不满依然很强烈,如果仔细观察他的面孔,会发现他的脸色不对劲。

人们经常把这种木然的面孔称为"死人"似的面孔,也就是说他像死人一样面无表情,神色漠然。这种"死人"似的面孔本身就是一种不自然的表现。

此外，虽然这类人努力使自己喜怒不形于色，但倘若内心情绪强度增加的话，他们的眼睛往往就会马上瞪得很大，鼻孔会显皱纹，或在脸上出现抽筋现象。所以，如果看见对方脸上忽然抽筋，那就表示在他的深层意识里，正陷入激烈的情绪冲突中。

如果碰到这种人，最好不要直接去指责他，或者当场给他难堪。当看到部属脸色苍白、脸部抽筋时，主管最好这样说："最近是不是心情不好，如果你有什么不快，不妨说出来听听。"以设法安抚部属正在竭力压抑的情绪。

死板的面孔或抽筋的表情，至少可以暗示上下级关系正陷入低潮，这时最好开诚布公地交换意见，以消除误解，改善双方的关系。

毫无表情，有时候也可能代表是好意或者是爱意的表情。尤其是女性，倘若太露骨地表现自己的爱意，似乎为常情所不许，于是便常常表露出相反的表情，装着一副对对方毫不在乎的样子，其实这种表面上的漠不关心，骨子里却是十分关心在意的。

愤怒悲哀或憎恨至极点时也会微笑

通常人们说脸上在笑、心里在哭的正是这种类型。纵然满怀敌意，但表面上却要装出谈笑风生，行动也落落大方。

人们之所以要这样做，是觉得如果将自己内心的愿望或想法毫无保留地表现出来，无异于违反社会的规则，甚至会引起众叛亲离的现象，或者成为大众指责的罪魁，恐怕受到社会的制裁，不得已而为之。

关于这一点，最好的例子，就是夫妻吵架。丈夫小F和妻子小B刚结婚时，感情很好，常常形影不离。可是，随着生活的日渐平淡，彼此都熟悉了婚后的生活，再也没什么新鲜感了，就常常为柴米油盐酱醋茶的琐事而吵架了。

起初小F和小B一有不满，就互相争吵，各不相让，但吵过后，两人坚持不了几个小时又和好了。后来，随着吵架次数的增加，这好像成了家常便饭，小F和小B谁也不愿再理睬对方，他们经历了一个冷漠的阶段。

但这也不是办法，小F和小B还要面对家人和朋友，为了不让别人看出来,他们逐渐过渡到别人在场的时候,彼此显得关系还不错、很恩爱,而一旦只有他们独处时,家里则静悄悄的,互不打扰。渐渐地,没人在的时候他们也开始说话了,但这并不是尽弃前嫌,只是有时候有一些不得不说的话而已。当彼此间的不可调和发展到极端时,不快乐的表情反而逐渐消失,他们的脸上反而呈现出一种微笑,态度上也显得卑屈而又亲切。

怪不得一位经常办理离婚案的法官说,当夫妇间任何一方表现出这种态度时,就表明夫妻关系已到了不可调和的地步了。

由此可见,观色常会产生误差。满天乌云不见得就会下雨,笑着的人未必就是高兴。很多时候,人们苦水往肚里咽着,脸上却是一副甜甜的样子。反之,脸拉沉下来时,说不定心里在笑呢。

语言——说话方式里的微表情

人类有两种表情,一种是出现在脸上的表情,另一种是出现在说话方式里的表情。

通过对他人说话的话语、风格、速度,以及相应的动作等方面的观察,能够看透他人的真实内心。

1. 闻其声,知其人

一个人的声音在一定程度上代表着个人的形象和性格特点,通过声音,我们可以对对方有一个大致的了解。

声音的美,也是人们追求美的一个重要方面。常言道,闻声如见人。

或甜美圆润或浑厚而富有磁性的声音,会给人留下美好的回味和遐想。

世界上不少名人，为了获得民众的好感，引起大家的重视，采取各种方式给自己的嗓音"美容"，并且取得了相当不错的效果。

英国前王妃戴安娜一直以美貌、贤淑著称于世，在1993年之前，她对自己的声音并不在意。

1992年圣诞节前夕，刚宣布和查尔斯王储分居的戴安娜向她的形体教练卡罗兰·布朗征求对新近她在BBC第四电台中发言的评价。谁知，卡罗兰·布朗居然不加掩饰地脱口而出："不值一提。你的腔调听来就像10岁的小女孩，羞怯而不自信，期待众人的谅解。如果你做到语铿词锵，那么你就能真实地表达自己。"

情绪正处在低谷的戴安娜这才意识到自己的声音影响了自己的公众形象，她希望卡罗兰能够帮助她，卡罗兰给她介绍了自己的朋友彼得·塞伦特。时年53岁的彼得·塞伦特，擅演舞台剧，尤其精通模仿三教九流。

彼得·塞伦特花了大力气训练戴安娜在公共场合发表演讲。在1993年4月举行的第一届伦敦讨论会上，戴安娜公开致辞。她的讲话发自肺腑，深切而敏锐，坦荡无碍，让舆论顿时为之哗然，很多听了这次演讲的人都这样评价戴安娜王妃："这无疑是对王室家族的令人瞠目的背离，她终于拥有了自己的思想，能够主宰自己的言辞，发出属于自己的声音了，戴安娜，将会开始自己全新的人生历程了。"

的确，一个人的声音在一定程度上代表着个人的形象和性格特点，通过声音，我们可以对对方有一个大致的了解。

一般情况下，说话声音大的人性格都是开朗大方的，他们口无遮拦，炮筒子脾气，有一说一，想让他把话憋在心里比登天还难。《三国演义》里的张飞、《水浒传》里的李逵，都属于这种人，不要看他们貌似莽撞，其实往往是"大嗓门有大智慧"，他们的头脑和人品都值得信赖，可以成为知心朋友的不错人选。

相比之下，说话声音小的人就需要注意了：

有的人习惯凑到你的耳边窃窃私语，这样的人喜欢窥探他人的隐私，还是蜚短流长的高手；

有的人说话的时候神神秘秘，左顾右盼，这样的人口是心非，气量狭小；

有的人说话则是不紧不慢，声音虽小，但字字都能清晰地传到你的耳朵里来，这样的人很有心机，心态沉稳，可以托付他比较重要的事情；

说话速度很快，像打机关枪一样的人天性活泼、思维敏锐、感觉灵敏，对于别人的言行话语领悟较快，反应也非常迅速。

不过，有时他会"萝卜快了不洗泥"，因为"快"，他有时会在对方没有讲完话的时候就下结论，导致对他人的误解；

他会在没有想好怎样回答的时候脱口而出，导致自己陷入困境；

他会在对方试图解释的时候打断对方，导致矛盾激化或者不欢而散。

说话速度慢的人性格沉稳，他不会在别人面前表现出大喜大悲，而是把自己的情绪尽量掩饰起来。在处理事情的时候，他会尽量考虑周全，做到万无一失，一旦认准目标，绝不轻易放弃，有种"不撞南墙不回头"的劲头，只是他的运气似乎格外的好，很少撞到"南墙"。

现在有些人，喜欢嗲声嗲气地说话，以为这样做非常新潮，时髦。实际上，除了因为方言关系导致的语音发嗲的人之外，刻意学习这种"嗲声嗲气"的语音并将它作为自己的说话习惯的人也许并不知道，这种声音给人的感觉并不舒服，它表明你说的话和你心里想的完全是两码事，简单而言——你在说谎。

有的人说话的语气像是在打铁，一句一顿，像雪山上的冰柱一样，冰凉梆硬。这样的人表面看起来比较"酷"，给人的感觉是冷峻、严肃、不好接近，但这只是表象，其实他的情绪里一直有一团火在悄悄地运行，在他唯我独尊的言谈举止后面藏着的，是不自信和很大的焦虑。

有的人说话的声音很疲惫，仿佛刚跑完马拉松，事实上，这样的人在生活里也是身心俱疲，很可能遇到了难以逾越的困难。这种人性格犹犹豫豫，优柔寡断，一旦遇到挫折，就会一蹶不振，甚至会借口身体原因选择放弃，这种人难担大任，在使用上需要慎重。

有的人说话惜字如金，你跟他说了好多话，他才回答个一两句，看起来似乎对你的问话无动于衷。很多人会认为这种人不礼貌，目中无人，其实并不完全是这样，这种人也许真的不太善于讲话，他更习惯默默地做好自己手头的事情。如果非要他说些什么的话，他只能简单地说几句，虽然语句不多，音调变化不大，话语也很质朴，但是这些话都是从他的心窝子里掏出来的，细细品味，让人信服，让人感动。所以，不要埋怨对方的"木讷"，和这样的人成为朋友，你才能更全面地认识到，他性格中的确有很多优点。

有的人说话时嗓音发颤，甚至会全身上下一起发抖，这跟唱歌时的颤音截然不同。声音发颤，说明这个人非常紧张，他的精神处于一种高度的焦虑状态，他希望能尽快结束自己的发言和谈话，赶紧逃到别人的目光之外。这种人极度不自信，在事业上也容易遭受挫折。

口头禅即心禅

找一个适合自己的口头禅是现代人为人处世应该做的新功课，它是形象包装的重要部分，也是自我心理训练的开始，而且终身受用。

"口头禅"本来是佛教的禅宗用语，指的是学习佛法的人不去用心领悟，而把一些现成的经验挂在口头，装作有思想。演变到今天，生活中的"口头禅"已经跟学习佛法没有关系，是个人习惯用语的代名词。

口头禅并不是与生俱来的，而是在个人长期生活过程中慢慢形成的。每个人的口头禅都有自己的特点，即便是内容相同的口头禅，在不同的人嘴里，语气和发音重点也是不一样的。

现代心理学研究发现：

口头禅看似随便说出口，其实跟使用者的性格、生活遭遇或是精神状态密切相关，可以算是个人标志，同时，口头禅也影响着其他人对这个人的感觉。

从这个意义上说：

口头禅其实也不是完全"无心"的，它其实是一种"心禅"，标示着你的心理状态和性格特点。

从不同的口头禅里，我们可以大致读懂一个人的心。

1)习惯说"说真的、老实说、的确、不骗你"这类口头禅的人。

如果一个人在交谈过程中反复强调自己是在"说真的",是在"老实说",刻意表明自己的诚实可信,这说明他心里存在忧虑,老是担心对方会误解自己的意思。

这样的人性格有些急躁,内心常有不平。他十分在意对方对自己所陈述事件的评价,所以一再强调事情的真实性,更多希望的是自己在团体中被认可,并得到很多朋友的信赖。

2)习惯说"应该、必须、必定会、一定要"这类口头禅的人。

这种口头禅具有较强的命令性和明确的确定性,经常说这类口头禅的人,一般自信满满,做事情显得很理智,为人冷静,自认为能够将对方说服,令对方相信。

需要我们注意的是,如果一个人在谈话的时候过多地使用"应该"这个词的话,说明他对事情的发展变化并没有太大的把握,虽然表面看态度是坚决的,但是他的心理上是动摇的,所以,这个"应该"表述的不一定是肯定语气。

3)习惯说"听说、据说、听人讲"这类口头禅的人。

很明显,这类口头禅的最大作用是推卸责任。使用这类口头禅,是在告诉我们,现在他所说的话语并不是发自他的内心,其实是道听途说,如果我们听信这些话而造成不良的后果的话,他是不会负责的。

爱说这类口头禅的人,习惯做事时给自己留有余地。这种人的见识虽广,决断力却不够,很多处事圆滑的人,易用此类语。在办事过程中,他们会时刻为自己准备着台阶,有时也会被很矛盾的心理困扰。

4)习惯说"可能是吧、或许是吧、大概是吧"这类口头禅的人。

一个人习惯用这种模棱两可的口头禅,实际上是在掩饰自己的真实想法,所以说这种口头语的人,自我防卫本能甚强,不会将内心的想法完全暴露出来。在处事待人方面很冷静,所以工作和人事关系都不错。

另外,此类口语也有以退为进的含义,有左右逢源的作用。当前途不明朗的时候,他会用这种含义模糊的口头禅,而事情一旦明朗,他们就会志得意满地说,"我早估计到这一点了!"

5)习惯说"但是、不过"这类口头禅的人。

"但是、不过"是带有转折意味的连词,习惯说这样的话的人,总习惯用"但是、不过"后面的内容来为自己辩解;同时,"但是、不过"后面的内容也为说话者提供了一种保护,给自己的闪展腾挪留下了足够的空间。运用这样的口头禅,显得温和、委婉,没有断然的意味。从事公共关系的人常有这类口头语,因为它的委婉意味,不至令人有冷淡感。

6)习惯说"啊、呀、这个、那个、嗯"这类口头禅的人。

这些口头禅并不是语气词,它们总是出现在不该出现的地方,让人觉得对方的话语散乱、不连贯。实际上,习惯用这种口头禅的人一般词汇量较少,或是思维慢,不得不在说话时利用此类口头禅作为间歇。

因此,有这种口头语的人,反应是较迟钝的或是比较有城府的。也会有骄傲的人爱用这种口头语,因怕说错话,需有间歇来思考。这种人的内心也常常是很孤独的。

以上六种口头禅,是比较常见的,在分析人的性格特点时,我们可以依据以上方式,结合被分析人的实际情况,进行具体的分析判断。

比如,刘亦菲的口头禅是"不知道",可以看出她的本真一面,也反映出她内心的无措,所以用"天真"来做盾牌,为自己开脱,这可能与她很小就出道有关,她有些厌倦现在"过早出名"的生活或者说对人情世故抱有本能的抵触与逃避。

而蔡依林的口头禅是"是哦"和"然后",可见她很小心,对这个世界一直带点妥协与顺应的态度;"然后"则透视出她想改变现状与不甘心的心理,她很矛盾,想脱俗又不得不随俗。

刘德华的口头禅是"不要啦",他内心有很多拒绝的声音,对自己,也对他人,他害怕自己内心的秘密被翻开。虚弱无助的时候,用这样温软的否定,求得残酷世界对自己网开一面,也多少表达出他内心的累以及"是放弃还是坚持"的挣扎。

口头禅对人的影响有积极和消极之分,像电视剧《加油,金三顺》里女主人公的口头禅"加油!"就是积极的口头禅,它会激励自己去面对困难、战胜困难,同时会给别人自强不息的感觉。而把"无聊""没劲"挂在嘴边的人也会让别人感觉到他的颓废、疲惫和无追求。

找一个适合自己的口头禅是现代人为人处世应该做的新功课,它是形象包装的重要部分,也是自我心理训练的开始,而且终身受用。

从打招呼来判断一个人

打招呼是联络感情的手段、沟通心灵的方式、增进友谊的纽带,所以,绝对不能轻视和小看。

打招呼原来是只限于熟人之间的,随着社会交往越来越广泛,和陌生人打招呼的事情也屡见不鲜了。打招呼的目的,并不是为了要与对方有进一步的交往,只是一种生活礼仪形式。

其实,不论任何人,有人与自己微笑打招呼,都会受到感染,像是见到阳光心情跟着好起来一样,会很自然响应。

打招呼是联络感情的手段、沟通心灵的方式、增进友谊的纽带,所以,绝对不能轻视和小看。对自己周围的人,包括同事、邻里、同学等,不论其身份、地位、年龄、性别,都应该一视同仁,只要照面就要打招呼,表示亲切、友好,这也是一个人内在修养程度高低的重要标志。

正因为如此,通过观察对方打招呼的方式,我们能够看透他人的心思,洞察人们的心理活动。

1)打招呼时,眼睛直视对方的人。

这种人具有强烈的自我意识,习惯从自己的角度看待问题。在交谈中,他的话往往具有试探性和攻击性,企图通过打招呼让对方认识到他是处于强势地位的。他那咄咄逼人的目光,往往会让一些没经过大场面的人心里发虚,还没开口就在气势上逊了一筹。

另外,要想和这种人成为至交,需要花费一定的时间和精力,因为他内心实际上对外界是充满着戒备的,否则他也不会一开始就显示出自己的优势地位,这就像很多动物见到敌人首先做出一副令人恐惧的样子一样。

遇到这种人,我们可以采取这样的策略:

以柔和的目光和轻松的谈吐来中和对方的攻势,千万不可对他的目光发怯,那样他会看不起你。更不要针锋相对地和他对视,那样会让气氛变得压抑、紧张。同时做好自我保护工作，让他摸不清你的底细，然后再根据具体情况，开展社交活动。

2)打招呼时，不看对方的眼睛，而是顾左右而言他的人。

这种人在社交上的劣势非常明显，尤其是遇到上面提到的那种眼睛直视对方的人时，他们往往会落荒而逃。为什么呢？因为不敢看对方的眼睛，说明他的心里充满了恐惧、不自信。在会面之前，他会把所有可能遇到的困难都预计出来，从内心里，他是不愿意和陌生人交往的。在为人处事上，他们同样也会表现出没有自信、犹豫多疑。

3)打招呼时，会故意退后几步，和你保持一定距离的人。

遇到这种人时，我们心里肯定会感到不舒服。打招呼是亲近的表现，我们彼此之间应该拉近距离，可对方居然反其道而行之，这不是对人不信任不尊重吗？

事实上也的确如此，习惯这样做的人具有一定的封闭心理，他心里有一个交际安全圈，在这个圈子之外进行交际，他的心里感到舒服，一旦突破了这个圈子，他就会感到恐慌和担忧。要和这样的人交往，不妨保持一定的距离，那样也许会成功。如果我们非要按照自己的意愿，迈进对方的交际安全圈的话，那也许会导致对方的逃离。

4)打招呼时，动作过于强烈的人。

有的人见了面之后，习惯和你拥抱、拍打肩膀，动作幅度比较大，如果你遇到这种情形，那么你可能遇到了两个极端的朋友：一个是和你非常要好的朋友，你们不分彼此，心里没有任何隔阂，有的是朋友间真诚的友谊和思念；另一种状况是你遇到了一个强劲的对手，就像两个武林高手互相打招呼一样，双方的手一旦握住，就开始较量内力，谁都想给对方一个下马威。

5)不回应别人打招呼的人。

如果一个人故意不回应别人打招呼的话，那么无疑他是一个傲慢无礼的人。他也许认为你跟他打招呼是在巴结他，是有事要求助于他，是要给他添麻烦，所以他懒得理你，但实际上你只是出于礼貌才跟他打了个招呼，这样的人，不深交也罢。

6)很少或者从来不跟别人打招呼的人。

有的人认为从来不跟别人打招呼,仅仅是个礼貌问题,其实不然,不跟别人打招呼的根本原因在于心理障碍。这是一种极度自卑的表现,如果不及时进行心理疏导,非常容易导致自闭症和抑郁症的产生。一个人不愿意跟别人打招呼,也许他有这样那样的原因,比如缺乏志同道合的朋友,或者心里藏着歉意和愧疚,但是一个不善于和别人打招呼的人,他拥有的社交圈子是很小的,而且容易给别人留下自命清高的印象,让别人对他敬而远之。

打招呼虽然是一件很简单的事情,重要的是要表示出对他人的尊敬和重视,比如:

在行走的过程中,打招呼时,或是停下脚步,或是放慢行走速度;

骑自行车的时候,或是下车,或是放慢行驶速度;

在室内或非行进过程中时,或是起立,或是欠欠身、点点头都可以。

2. 留意语速变化,以不变应万变

小Q是个口才很好又幽默风趣的人,同事们都特别喜欢跟他在一起,因为有他的地方就有笑声。但是小Q也有自己的烦恼,那就是一旦自己暗恋的美女同事小娟在场,他就会思维迟钝、说不出话。如果恰好小娟正在看他,他就更会面红耳赤、不知所措,甚至连最基本的逻辑和语速都不能保证。每次他想在小娟面前一展自己的幽默天分,以期获得她的好感,结果总是适得其反。对于自己屡屡的"临阵怯场",小Q真是郁闷透了。

许多人在面对自己喜欢又未曾表白的人时,都会出现上述这种"大脑一片空白,说话颠三倒四"的情况。这证明了一点:当心里有事,尤其是这事与对方有比较密切的联系时,我们往往会在说话尤其是语速上表现出来。推而广之,人们内心的状态会通过说话反映出来;而内心状态的变化,又可以直接反映在语速的变化上。

语速很快的人,一般性情直率、精力充沛,同时可能有点自我和固执。

相反,语速很慢的人则往往老实厚道、行事谨慎,有时甚至有谨小慎微和过于敏感之嫌。

若语速突然由快变慢或由慢变快,则表示说话者的内心正在起着变化。

既然人们的语速会随着自己想要表达的情感和心情状态而发生变化,那我们就可以由语速的变化洞悉说话者的心理变化,揣摩探知他的心理状态。具体说来,有以下两种情况:

语速突然变快

如果一个人平常说话慢慢悠悠、从不着急,而在某一时刻忽然高声又较快速地说话,甚至很急迫地进行反驳,那么很可能是对方说了一些对他十分不利并且是无端诽谤的话,语速的加快表达了他内心的不满、着急和委屈。

但如果是正在读一篇富有激情的战斗檄文,或者发表慷慨激昂的演说时,人们加快语速则只是为了表达自己内心强烈的情绪。

语速突然变慢

如果一个人平常语速很快、口若悬河,可某一刻突然支支吾吾、前言不搭后语,则很可能是对方触及了他的一些短处、弱点甚至是错误,要不就是他有事瞒着对方。语速的减慢反映了他底气不足、心虚、卑怯的内心状态。

但如果是正在读一篇文辞十分优美的抒情散文,或者是在回忆某件美好的事情时,则人们语速的舒缓、悠扬只是在体现自己对美的感受。

此外,如果不属于上述两种情况,平常语速慢者突然提高声音、加快语速,或者平常语速快者突然放慢语速时,则表明他们是想强调正在说的内容,希望通过语速的变化引起别人的注意。如果是在辩论会上,这种情况则属于一种"挫对方锐气,增自身信心"的策略。

突然变得健谈可能是为了逃避话题

郭峰从小就十分内向沉默,结婚后还是这个样子,有什么事都不跟老婆交流,气得老婆动不动就骂他是"锯了嘴儿的葫芦"。

可就是这个"闷葫芦",最近两个月突然跟换了个人似的,变得健谈了。原来老婆唠唠叨叨时他从来都不理,可现在老婆一开口,他就笑嘻嘻地跟她扯,而且还净扯些不着边际的话。

吃过晚饭后,老婆的习惯是拉着他一起看爱情电视剧,并且还特别喜欢边看边评论:"你瞧,小雪多漂亮、多善良,遇到这种美女,大亮这种老男人还不珍惜呢……"不过,这是以前的情况,现在郭峰从来都不让老婆有评论的机会,他会想尽办法让老婆陪着他说话,而不是看电视剧。他甚至专门准备了一个小本子,上面写满了新听来的笑话或好玩的事,从吃完饭到睡觉前,他会不停地给老婆讲故事,逗老婆发笑。

对此,郭峰老婆感到十分诧异,她一方面为郭峰的转变感到高兴,一方面又担心丈夫遇到了什么事情。直到有一天,她偶然在郭峰的手机上读到一条暧昧的短信,一切才真相大白。原来,郭峰之所以如此,是为了封住老婆的嘴,免使她提起与爱情有关的事,以免自己不小心露出马脚。

现实生活中,上述故事中的"突然转变"其实也是时有发生的。

一个木讷的小男孩,在某次考试考砸后,一到父母跟前就会不停地讲学校里的新鲜事;

一个原本比较沉默的女孩子,在喜欢自己的男孩子约自己出去时,会不停地说话,甚至让对方除了附和自己,没有任何提起新话题的机会……

仔细琢磨上述种种,你一定会发现一个问题:

突然由沉默变得健谈的人,往往是刚遇到了一些事情,并且这些事情均是他们不愿意再次提起的。

说得再明白一点,就是他们心里有"鬼",为了不再面对这个"鬼",他们会想尽办法引开话题,把对方的思维引向别处。

至于那个在喜欢自己的男孩子面前突然变得滔滔不绝的女孩子,则很可能是因为她不喜欢对方,不希望听到对方表白,以免使自己陷入一个难以推托的境地,引发双方尴尬。

看来,一个原本沉默寡言的人,忽然变得健谈,在某一场合中或某个人面前变得口若悬河,反映了他的一些小心思——

要么是想转移对方的注意力和思维方向，避免其提起某些令自己不快的话题；

要么是怕对方提出自己有可能无法应付的新问题，所以以这种方式来阻止对方讲话。

但是，如果没有什么顾忌，原本沉默的人突然在某个场合中变得健谈，则多是由于该场合出现了某个特定的人或特定的事件，他想引起这个特定人物的注意，或者他对这个事件超乎寻常地感兴趣。

3. 有理不在声高，声调高的人不一定有理

某咖啡厅里，顾客们正在享受着美好的下午时光。忽然，靠窗位子的一个男人大声叫起来："小姐，小姐，你给我过来！来看看你们的牛奶，这根本就是过期的嘛，都结块儿了还卖，白糟蹋了我的一杯红茶！"服务小姐迅速走过来，一边微笑着赔不是，一边说道："对不起先生，我马上给您换一杯新的。"

很快，新红茶端上来了，跟前一杯一样，配着新鲜的柠檬和牛奶。服务小姐再次微笑着对那个男人说："先生，我是不是可以建议您，如果放了柠檬，就不要再加牛奶呢？因为柠檬酸会造成牛奶结块儿，使它看起来像坏掉了似的。"说完，服务小姐便轻轻退下去了。座位上，那个男人满脸通红，只见他迅速端起茶杯，强作镇静地喝了几口，然后起身就走了。

角落里，刚才那位服务小姐的同事替她抱怨道："明明就是他错了，居然还那么粗鲁地嚷嚷，你为啥不直接说他，给他一点颜色看呢？"服务小姐回答："正因为他粗鲁，所以我才用委婉的方式对待他，否则不就吵起来了吗？再说，道理一说就明白了，根本用不着大声说啊。"

看完这则小故事，你是不是和我一样，顿悟了"有理不在声高"这句话的内涵呢？确实如此，声调的高低并不代表一个人有理与否。实际上，理不直的人，常用气壮来压人，而理直的人，常用和气来交朋友。

理不直，为何声高？

人们常说"理直气壮"，意思是只要你占了理儿，说话的气势就可以很盛。但是在现实生活中，我们却常常看到相反的情况——明明是他无理，却不见"理屈词穷"之象，反而比理直的一方更加有底气，甚至气壮到了嚣张跋扈的程度。这样的人凭借着自己的"三寸不烂之舌"，把无理强扭成有理，活生生地将黑白颠倒过来，最终使得有理的一方委屈至极、无处申冤，真是"声高不一定有理"的活证据。

那么，既然理不直，这类人为何能够如此气壮呢？原因一般有三：

1)为了掩饰内心的虚弱。其实，自己有理没理，他们内心是最清楚的，没理时还强辩三分，多半是强撑，以便挽回眼看就要丢失的面子，给自己找个台阶下。

2)不管他们自己有没有意识到，他们实际上是在利用人们"趋弱避强"的心理，企图以凌人之势来压倒有理的对方，获得自己不该获得的利益。

3)他们并没有意识到自己的错误，而把罪责全部推到对方的头上。

遇到这类人时，我们该怎么办呢？

如果是第一种，我们完全可以报以微笑，沉默着去看他的"表演"。当他挣足了面子，或者自觉无趣时，自然会偃旗息鼓。若是遇到过分飞扬跋扈之辈，那我们不妨用低头来显示自己的修养和大度，公道自在人心，旁观者看到你占了理还低头，自会为你喝彩，对你心生敬意。换个角度来想，与人方便等于与己方便，给别人留足面子或搭个台阶，从长远来看，也是一桩绝对不亏本的"生意"。

如果是第二种，我们便要保持住自己的立场，维护自己正当的利益，不要被对方虚张声势的表面情况吓住。就像困难常用它骇人的表象来使人知难而退一样，这类人也不过是在张牙舞爪地显示"威力"。事实上，如同困难一击便败一样，他们也不过是个绣花枕头，你只要坚持立场，他们很快就会败下阵去。

如果是第三种，我们完全可以像开篇故事中的服务小姐一样，微笑以对，以平和之态点明事件关键，让无理者自己"惩罚"自己去。

在处理这类事情时，无论遇到上述哪一种人，最关键的一点是我们自己一定要保持冷静平和的态度,切不可被对方的无聊之态激怒,未战而先乱了分寸,须知对方也许正想趁你大乱之时来达到他的目的。保持冷静和清醒之态,我们才可能强化自己的优势,赢得对自己最有利的结局。

理直,何必声高?

我们常常在超市里看到这样一幕:

某人因为自己所买的商品出现问题,找到服务台气愤至极地据理力争,甚至大声斥责。当然,因为他占理,最后事情可能会得到合理的解决。但问题是:

第一,解决的过程可能不会让这个消费者那么舒服。因为任何人都是有尊严和脾气的,你大喊大嚷甚至出言不逊,服务人员难免会"投桃报李",对你有不满或冷漠之态。

第二,即便遇到修养良好的服务人员,始终和风细雨地对你进行微笑服务,旁观者眼中的不屑或鄙夷之态恐怕也会让你不怎么畅快。你的处事方式已经透露出你不佳的修养和低下的素质,别人又怎么会对你尊敬有加呢?

这就告诉我们:如果有理,就心平气和地跟别人讲道理,不必高声大气。

当自身的正当权益遭遇损害时,勇敢维护是值得鼓励的。

但即便是维权,也要讲究一个方式方法。

俗话说"大事讲原则,小事讲风格",对于一些小纠纷、小摩擦,完全可以采用平和的方式达到预想目的,毕竟大部分人还是讲道理的。

如果情绪激动,认为自己占了理便可以无所顾忌、咄咄逼人,讲话跟吵架一样,甚至采取极端方式,则往往会使有理变成无理,使结果适得其反。

另外,行为是人们自身素质的最直接体现。

一个人综合素质如何,看他在日常生活中如何处理小事就足以评定了。

当自身利益受到影响,需要跟他人交涉时,你的个人修养往往会在这一过程中一展无遗。

俗话说"一瓶子不响,半瓶子晃荡",如果你肆无忌惮,甚至粗俗不堪,即便你赢得了"战争",也会失去人心,大大损害你在对方和旁观者心里的形象,得此失彼,这恐怕也不是你想要的结果吧?

毕竟,我们的目的是解决问题,而不是使问题变得更糟,更不是制造新的问题。

因此即便理直,也不必过分气壮,不需要跟别人大喊大嚷地理论,毕竟委婉地说出问题更容易让人接受,更利于问题的解决。

更何况 "骂人先输五分理",我们何必于胜券在握时自造不利局势呢?

所以,还是避免"叫嚣式"的讲理套路,做一个广受尊敬的高素质人士吧。

第四章

尽在掌握——利用手掌获得控制权

在人类进化的过程当中，我们的双手曾经发挥了至关重要的作用，因此，双手与大脑之间的联系远远超出了身体的其他任何部位。然而，当我们与他人进行沟通与交流的时候，却很少有人会去留意自己双手的动作，或是关注握手的方式，并对此加以仔细的思考。

在古代，人们用展开的手掌来表示自己并未在手中隐藏任何武器。

无论你是个什么样的人，如笨手笨脚的粗人、说一不二的能人、或是为了维持生计而艰难打拼的普通人，你都必须明白我们的双手在日常交往当中的重要性。

可是，你们知道吗？与他人见面之初的那几下看似无关紧要的握手动作，却能够预示今后你在与对方的交往中所占据的地位以及你们双方之间权力的归属——

究竟你是能够统揽全局，还是只能服从对方？

抑或是你将采取强硬手段夺取控制权？

手掌——他是否坦诚以对？

自古以来，一见到摊开的手掌，人们往往就会联想到坦率、诚实、忠贞以及谦恭这些形容优秀品质的褒义词。时至今日，许多庄严的宣誓都要求人们将手掌置于心脏的位置以示坦诚；法庭上，证人需要举起手掌以证实自己证词的真实性；在教堂里或是外出布道时，牧师们通常都会左手执《圣经》，然后将右手伸向教众以示上帝的爱心和谦恭。假如你想知道对方是否坦诚以对，最直接、同时也是最有效的方法就是观察他的手掌动作。

我们大概都曾见到过这样的情景：一番恶战之后，战败的小狗通常会吐出舌头，向胜利者表示妥协或者投降。其实，我们在自己的身上也可以找到类似的动作，只不过，我们使用的是手掌，而不是舌头。人们通常会用展开的、一目了然的手掌来表示自己的诚意,或者告知对方自己并无恶意。

1. 看看你的手掌个性

世间万物都有五行,从手掌的外型特征中,能透露出人的性格、个性以及未来运势。利用金、木、水、火、土五行的原理,配合手掌与手指的形状、大小、厚薄、肤色特征,进一步推论人的个性、命运、婚姻感情及事业等,现在就来看看你的手掌个性吧!

金形手——多情浪漫的新好情人

骨肉均匀有弹性,不厚不薄不露骨

手掌及五指方中带圆

手指的指根到指间粗细差不多

指甲略成方形

掌肉结实,大拇指下方的金星丘相当厚实

有这样手形的人,自我要求高,个性刚强正直、意志坚定、精明干练,具有在团体中领导统率的能力,天生就散发领袖气息。他们通常深具同情心,并且勤劳节俭、认真负责、做事设想周到、很有决断力,能文能武。对爱情执着而浪漫,是个体贴温柔的情人类型。缺点是有些急功近利,喜欢追根究底,对于事情的看法常刻板不知变通,待人处事又有些吝啬而显得不够圆融。

木形手——外表冷漠内心温柔

骨节较明显

手指瘦瘦长长

掌形偏长方

肤色略带暗沉

属于木形手的你,通常在个性上比较务实,能深思熟虑,他的头脑冷静富判断力及研究精神,求知欲旺盛,对于物质生活的需求比较不重视,有成为学者或研究人员的倾向,所以又称为"学者手"。

他们虽然看起来令人敬畏,但其实内心温暖仁慈,有博爱精神,他们通常会散发着文艺气质,具有审美观。平常为人处事喜欢亲力亲为,本身个性比较一丝不苟,也因此会比较重视小细节的事情。

水形手——能赢得长辈疼爱的人气王

手指呈圆锥状,像嫩笋一般

指尖略带圆形,肉肉的,肥嫩可爱,好像掐得出水一般

手掌略长

指甲长而不方

水形手有时容易跟火形手混淆,不过水形手比较丰腴,指背有毛,握手时让人感觉到柔软而温暖。有这样手形的人,出生时家境不错,受长辈宠爱。脑筋灵活,个性敏感,有细腻的观察力,乐观开朗有同情心,也蛮喜欢幻想的。感情丰富、待人处事圆滑、应变能力强、人际关系不错。但是个性感情也颇善变,有易热易冷的现象。

火形手——聪明灵巧但容易受骗

十指尖尖,手指从指根一直往上呈窄尖状纤长而美丽

掌形略长也成尖形,比其它的手形要细薄

柔软而纤瘦,皮白肉细

指甲透着粉红肤色

通常火形手是所有手型中最秀气美观的,个性上充满理想,很有艺术才华,容易多思多虑,但想得多而做得少,有些好逸恶劳。手型属火的人大都头脑十分聪明,表面上看起来虽然慢条斯理、一派悠闲,内心却是个急性子,也有些不务实。有洁癖、爱漂亮,比较缺乏守时守纪的观念,有时候很率性,有时候又敏感而神经质,很容易相信对其示好的人,所以蛮容易受骗的!有这样手形的以女性居多,男生若有这样的手形,会有些女性化的倾向。

土形手——行动积极脚踏实地务实家

手掌手指略扁

手掌宽厚结实

手指厚实,有一点像药剂师调药用的小棒

皮肤略粗糙,肤色略微偏黄

这种手形的人,大都属于能够带来潮流的冒险家。他们通常精力充沛、能接受流行思潮,也有克服困难突破现状的勇气。个性上热爱自由,不喜欢受约束,也不会墨守成规,经常会不按常理出牌,所以常有可能被人家视为怪胎。一般来说土形手个性急躁固执,感情冲动易怒,主观性很强,充满自信,敢作敢当,是个能吃苦耐劳,白手起家的工作狂!

混合形——绝顶聪明的才子才女

手指和手掌的特征掺杂了两种以上的五行属性,很难明确的分辨。

如果是混合形的手,就兼有那些五行的优点与缺点,如果刚好是相克的五行组合(如混合了金木、木土、土水、水火、火金的手形),就会出现不稳定或双重人格的矛盾倾向。混合了三种以上的手形,则容易见异思迁,缺乏主见。

通常混合形手都很聪明、适应力强、警觉性高,他们往往多才多艺,有创意,对各种工作很容易上手也可以学习得比别人快速,但也相当善变及容易自相矛盾。

2. 看看你的手掌力量——谈话权的移交

当我们为他人提供指示或发布命令,以及与他人握手的时候,我们内心的一些想法往往会通过手掌表现出来。只要使用方法得当,使用者完全可以利用手掌的力量,不费丝毫气力,就能悄无声息地达到自己的目的。

　　借助手掌来传达指示的动作主要有三种：手心向上、手心朝下以及有一根手指在外的握拳状。

　　这三种姿势的不同之处我们可以通过下面这个例子来加以理解：比方说，你让某人先搬起某样东西，然后再将它搬到另一个地方去。让我们想象一下，假如你在传达这两项指令的过程中，你的语音语调，你说的话以及你的面部表情都没有任何变化，只有你手掌的动作在不断地发生改变，那么，事情又会发生怎样的变化呢？

　　手心向上是一种用来表示妥协、服从和善意的手势；同时，这也是乞丐乞讨时惯用的一种表达哀求之意的动作。从人类社会的发展角度来看，人们通常以此来告知对方：我的手中并没有武器。这样，当你向某人提出移动某物的要求时，对方肯定不会因为你的要求而感到有压力，更不会因此而有被胁迫的感觉。

　　不过，假如你在说话的同时，还配有手部动作，那情况就大不相同了。如果你希望他人开口说话，你可以向他伸出右手，摆出一个手心向上的手势以示"谈话权的移交"，从而告知对方你希望他能继续你的谈话，而你也已经做好了在接下来的谈话中当听众的准备。

　　在经历了上千年的演变和发展之后，手心向上这一手势衍生出了不少变体，举起一只手并以手掌示人，以及将手掌按压于心口之上等等都是这一手势的衍生产品。

　　不过，一旦你将手掌反过来，摆出手心朝下的手势，你在对方眼中的权威性就会立刻大增。就拿上面那个要求对方搬东西的例子来说吧。当你在说话时使用了手心朝下的手势，对方不仅会马上感觉到你是在命令他将这件东西搬走，而且很有可能会萌生出一种抗拒心理。

　　翻转手掌，使原本向上的手心朝下。这样一个看似简单的手势的变化却能够彻底改变他人对你的看法和态度。

　　假如你和对方的身份和地位平等，当你对他提出这个要求并做出了手心朝下的动作，那么，他可能会拒绝你的要求。

　　但是，同样的要求，如果你使用的是手心向上的手势，他就很有可能会按照你的要求去做。不过，如果你是他的上司，那么，手心朝下的手势似乎并不会对你的要求产生任何消极的作用,因为你本来就有凌驾于他之上的权力。

阿道夫·希特勒摆出了他的那个举世闻名的手心朝下的敬礼姿势。

纳粹在敬礼的时候,手臂伸直,而手掌则处于水平的位置,手心完全朝下。这种敬礼方式正是第三帝国作为世界独裁者拥有无上权力的象征。如果阿道夫·希特勒在向下属敬礼时,使用的是手心向上的姿势,那么,估计谁都不会把这个小个子放在眼里。他们很可能只会一笑置之。

当一对夫妻手牵手散步的时候,居于支配地位的一方——通常为男性一方会稍稍走在另一方的前面一点,而他的手也就自然而然地压在了跟在他后面的妻子的手的上方,其手心也就很自然地面朝后方。至于他的妻子,由于位置稍稍靠后,其手心也就会很自然地向前迎合丈夫朝后展开的手掌了。

尽管这只是一个很小的细节,但是对于一名肢体语言观察者而言,它所提供的信息已经足以让他判断出谁是这家的一家之主了。

当你将手握成一个拳头,只留出一个手指时,这惟一的一个突出于拳头之外的手指就仿佛凝聚了整个手掌的全部力量,一触即发。

当你在说话的同时将这根手指指向他人的时候,对方马上就会感觉到隐藏在手指背后的那种迫使人妥协的力量。这样的手势往往会在对方的潜意识中制造出一种负面的影响,因为该手势之后必然会伴随有举臂、挥拳等动作,而对大多数灵长类动物而言,这通常是攻击对方的前奏曲。

这种合拳伸指最容易引发听话人的反感,尤其是当这根手指随着说话人的话语节奏而抖动的时候,这种反感之意就会变得更加强烈。然而,一不留神,我们每个人在说话的时候就会摆出这样的手势。

在某些国家,例如在马来西亚和菲律宾,用单独的手指指向他人就是对对方的一种侮辱,因为在当地,这样的手势只会被应用于动物身上。马来西亚人习惯使用拇指来为他人指路,或指明对象。

我们做了一个实验。实验中,我们要求参与实验的八名演讲者在一段长约十分钟的演讲过程中分别使用这三种手势。与此同时,我们记录下观众们在每一位演讲者讲演期间的动作和表情,并由此统计出他们对演讲者的支持率。实验结束后,我们发现,演讲时使用手心向上这一手势频率较高的演讲者获得了观众84%的支持率;但是,演讲的内容不变,仅仅让演讲者在演讲时刻意地多用手心朝下的手势,结果,其获得的支持率就立刻下降到了52%。至于使用第三种握拳手势的演讲者所获得的支持率就更低了,仅有28%,而且在他演讲的过程中,甚至有观众提前退场。

在谈话中习惯使用第三种手势的人通常会给人一种"咄咄逼人"、"爱挑衅生事"且"鲁莽"的印象,而且经由他们传递的信息和话语也最不受观众的重视。当演说者用这一手势直接指向观众时,观众们往往会将注意力转移到对该人的评价上,而不再关心他演讲的内容。

如果你在日常生活和工作中已经习惯了使用这种手势,那么现在,你不妨尝试着改变自己的这一习惯,用另外两种手势来代替它。

当你改变这一习惯之后,很快,你就会发现,在换用了其他两种手势之后,原来那种紧张的人际交往氛围立刻就得到了缓解,而且他人对你的态度也马上有了较大的改观。

假如你实在无法适应使用其他手势,你还可以尝试着对这一手势进行良性的改进:

握拳后,将原本伸直且突出的手指弯曲,顶住大拇指指尖,做出一个"OK"状的手势。

如此一来,你会发现,这种改良后的手势并不会影响你原有的权威性,但是却让你看起来显得更加温和而亲切。

3. 如何探知对方的诚意——当双手暴露于对方的视线之内时

每当孩子们撒了谎,或隐瞒了什么事情,他们通常都会把自己的手藏在身后。同样的道理,假如一个男人彻夜未归,当他面对妻子的诘问时,为了隐瞒昨晚的行踪,不让妻子知道他与其他男人夜游不归的事实,他很有可能会在回答妻子提出的问题时把手藏在口袋里,或者摆出一个双臂交叉抱于胸前的姿势。但是,他的这一动作却反而会让妻子觉得他在撒谎。

无论在哪儿,人们都会有意地借助于展开的手掌来表示自己的坦率和真诚。与大多数传递微小信息的肢体动作一样,这完全是一个下意识的动作。而当你看到这样的动作,你的"直觉"就会告诉你,他没有撒谎。

在一些培训课程中,老师们会告诉推销员,当顾客向自己陈述拒绝购买的理由时,一定要认真观察顾客双手的一举一动。因为,假如对方拒绝购买的理由成立,他们通常会将自己的手掌暴露于对方的视线之内。

在坦率地说出拒绝购买的理由这一过程中,人们除了陈述理由,通常还会做出一些手部动作并且会不时地亮出自己的掌心。不过,假如对方只是想找出理由搪塞销售人员,他可能也会说出同样的一番话,但是却会将自己的双手隐藏起来,躲避销售人员的视线。

将双手置于口袋之中也是男人们比较偏爱的一种姿势,可是,你知道这个姿势背后的含义吗?

当男人摆出这个姿势的时候,他其实是想借此告诉你,他并不想加入到这次的谈话中来。手掌就好比我们肢体语言的发声带,当我们将双手藏起来或置于一边时,就好像是被人堵住了嘴巴,什么都说不出来了。

有些人可能会问了,"如果我在说谎的时候并不把手藏起来,那么,人们是不是就会相信我说的话了呢?"

答案可以是肯定的,也可以是否定的。假如你说的是个彻头彻尾的大谎话且破绽百出,即使你亮出了自己的手掌,你的听众也不会相信你,因为你在说话的同时还会做出其他的动作和表情。如果你的话不属实,那么这些动作和表情所传达的信息就会与摊开的手掌所代表的含义自相矛盾。如此一来,你的谎言也就不攻自破了。

不过,诈骗高手们以及那些经受过专业训练的撒谎者却能够通过锻炼,将原本无意识的肢体语言转变为有意识的动作,为自己的有声话语服务,使自己的谎言无论听起来,还是看起来,都是那么的天衣无缝,滴水不漏。从利用肢体语言行骗这一点来说,诈骗高手们掩饰的技巧越娴熟,他们行骗成功的几率就越大。

但是,当我们与他人交谈时,将手掌暴露于双方的视线之内,这么一个简单的动作的确有可能会让我们看起来显得更加坦诚,使我们赢得更高的信誉度。

有趣的是,当这一动作逐渐变成某人的习惯之后,这个人说谎的几率也就随之大大减少了。许多人都发现当自己的双手暴露于对方的视线之内时,说谎似乎就变成了一件不可能完成的任务,而导致这一结果的原因就是所谓的因果法则。

如果你对他人没有任何隐瞒,完全是坦诚相对,那么,你也就会很自然地将自己的双手暴露在外面,不过,当你的双手暴露于身体之外时,你会发现,要想在同一时间说出一个令人信服的谎话,实在是一件相当困难的事情。

举例来说,如果你觉得有人想侵犯自己,出于自卫,你很有可能就会将双臂交叉抱于胸前。不过,尽管任何事情都没发生,只要你摆出了同样的姿势,一种自卫的感觉便会油然而生。

而且,假如你在与他人交谈的同时,将自己的双手置于对方的视线之内,那么无形中,你也会给对方造成一种心理上的压力,迫使他说真话。换句话说,暴露的手掌不仅有助于阻止对方向你传递虚假的信息,并且能够敦促他对你坦诚相待。

最好的握手方式

握手是祖先遗留给我们的一种交流方式。当两个原始部落的人在一种友好的氛围中相遇的时候,他们会首先伸出双臂,摊开手掌,告知对方自己的手中没有武器。到了罗马帝国时代,人们往往会将匕首藏在袖子里,于是,为了保护自己,罗马人就采取了一种新的问候方式:手腕握手法。

后来,随着社会的发展,这种古老的问候方式又有了极富现代气息的新形式,即连锁式的握手方法(即双手交握、上下摆动)。最初,通常只有那些身份和地位都平等的商人在洽谈买卖时才会使用这种新型的问候方式。直到20世纪初左右,这种问候方式才开始在民间广为流传,不过,使用者仍然仅限于男性,而且这种现象一直延续到近代。今天,在大多数西方及欧洲国家里,握手已经演变为一种十分普及的问候方式。在各种商务会谈、舞会以及社交活动中,人们在见面之初或分别之时,大都会采用握手这种方式来问候对方,或是与对方道别,而且越来越多的女性也开始接受这一大众化的问候方式。

1. 一举虏获人心——握手的技巧

芳芳给自己的男朋友小贾介绍了一个客户,名叫严微,她是芳芳高中时候的一个闺中密友。严微经营着一家婚庆公司,需要很多套婚纱背景模板。正巧小贾负责这方面产品的销售。于是芳芳就把双方介绍给了彼此,并约了时间见面。

到了约定的日子,小贾早早地起来,带好相关的资料和移动硬盘就出发了。本来应该准点就能到,但他坐错了车,去了相反的方向,坐到终点才知道。好不容易到了严微的婚庆公司,已经比约定的时间晚了一个半小时。

见了面,小贾为了表示热情,主动伸出手,要和严微握手。严微似乎犹豫了一下,还是微笑着伸出了手。可两只手握在一起的时候,严微就后悔了,因为小贾的手出了不少的汗,又冰冷冷的。但碍于芳芳的面子,她坚持握完了手。就座之后,他们开始浏览模板。严微一边看一边轻微地摇头,最后很坦白地对小贾说:"真的很不好意思,你这些模板我确实挺喜欢,其中很多的创意都很不错,但是跟我们公司要推出的一些主题不太符合,所以……不过如果你那里以后有合适的模板,我们可以到时候再联系看看。"

两个人又聊了一会儿,最后小贾很客气地告辞了。回家之后小贾对芳芳说："你那个朋友眼光也太高了,什么主题不符合,明明是挑三拣四……"

送走了小贾,严微赶紧抽出一张纸巾擦手,因为那上面粘到的汗水实在让她反胃,她最不喜欢那种冷冰冰、黏糊糊的感觉了。很明显,就是那个糟糕的握手,让小贾失去了这次推销的机会。

你在初次见到客户的时候,注意过握手方式吗?你的客户对此是否表示欢迎呢?

握手方式之一:漫不经心型

握手时只轻柔地触握。此类人随和豁达,绝不偏执,颇有游戏人间的洒脱,而且凡事不为人知,谦和从众。

握手方式之二:摧筋裂骨式

握手时,紧抓对方手掌,大力挤握,令对方痛楚难当。此类人精力充沛,自信心强,为人则偏于专断独裁,但组织力及领导才能均极超卓,是一个天生的领袖人物。

握手方式之三:双手并用型

握手时习惯双手握持对方。此类人热诚温厚,心地良善,对朋友最能推心置腹,喜怒形色而爱憎分明。

握手方式之四:规避握手型

有些人从不愿意与人握手。他们个性内向羞怯,保守但却真挚。他们不轻易付出感情,不过一旦建立情谊之后,则会情比金坚。对朋友如此,对爱情亦然。

握手方式之五:用指抓握型

握手时只用手指抓握对方而掌心不与对方接触。此类人个性平和而敏感,情绪易激动。不过,心地善良而极富同情心,具有同胞物与的胸怀。

握手方式之六:长握不舍型

握手时握持对方久久不放。此类人情感丰富,性喜结交朋友,是俗语所谓"单料铜煲"。但一旦建立友谊,则忠诚不渝。

握手方式之七:上下摇摆型

握手时紧抓对方,不断上下摇动。此类人极度乐观,对人生充满希望。他们的积极热诚使他们经常成为中心人物,受人爱戴倾慕。

握手方式之八:沉稳专注型

握手时力度适可,动作稳实,双眼注视对方。此类人个性坚毅坦率,有责任感而且可靠,思想缜密,擅于推理,经常能为人提供有建设性的意见;每当困难出现时,总是能迅速地提出可行的应付方法,深得别人信赖。

握手的禁忌

固然,在非正规的场合,大家可能不会太在意,但在正式的场合,握手倒是很讲究的,握得好能给人留下良好的感觉;握得不好会让人心生厌恶之感,假如您掌握不好分寸,可能也会给您的商业带来一定的影响。请注意不要用下面的方式:

一、击剑式握手

所谓击剑式握手,就是在跟人握手时,不是正常、自然地将胳膊伸出,而是像击剑式地突然把一只僵硬、挺直的胳膊伸出来,且手心向下。

显然,这是一种令人不快的握手形式,它给人的感觉是鲁莽、放肆、缺乏修养。僵硬的胳膊,向下的掌心,都会给对方带来一种受制约感,因而彼此很难建立友好平等的关系。所以,我们在与他人握手时,应避免使用这种握手方式。

二、戴手套式握手

与顾客见面,你如果戴着手套而不想摘下来时,可不与人握人,打个招呼也行;如果要握手,一定要摘下手套。戴手套与人握手是不礼貌的一种做法,它意味着你厌恶别人与你的手相接触。有人以为,只要我主动与他握手,戴手套也没关系,同样对他表示热情、友好。其实,这种看法是不对的,即使对方是你的好朋友,效果也不会好。

三、死鱼式握手

所谓死鱼式握手,是一种比喻的说法。意思是说,伸出的手软弱无力,像一条死鱼,任对方把握。

大家知道,握手本身就是一种表示亲热和友好的礼节,如果你伸出的是像死鱼一样的手,那就会使对方误以为你无情无意或觉得你性情软弱。同样,对方如果伸给你这样一只手,你也会有相同的感受。所以,面对同他人握手时,应避免使用这种握手方式。

四、手扣手式握手

这种握手方式在西方国家常被称为"政治家的握手"。其方法是:主动握手者先用右手握住对方的右手,然后再用左手握对方右手的手背。也就是说,主动握手者双手扣住对方的手。这种握手方式适用于好友之间或慰问时,它表达出的是热情真挚的信息,但不适于初次见面者,陌生人或异性见面时用这种方式会让人觉得你有什么企图。

五、虎钳式握手

虎钳式握手也是一种比喻的说法。这种握手法是用拇指和食指像老虎钳子一样,紧紧攥握对方手的四指关节处。显而易见,这种握手方式也不令人喜欢。

握手的规矩

握手看似平常,但却有许多规矩,不遵循这些规矩,就会被他人认为不懂礼貌。握手的规矩主要有以下几种:

一、不要不讲顺序

作为一种礼节,握手是很讲究先后顺序的。如在家里接待客人,客人来时,主人要先伸出手来,以示热情欢迎;客人告辞时,主人却应在客人后面伸手,否则,就有"逐客"之嫌疑。除此而外,握手的正确顺序是:在上下级之间,上级伸出手来,下极才能伸手与之相握;在长辈与晚辈之间,长辈伸出手来,晚辈才能伸手与之相握;在男女之间,女人伸出手来,男人才能伸手与之相握。总体来说,就是上级、长辈、女士优先,下级、晚辈、男士在后呼应,切不可抢先。

二、不要掌心向下压

一般情况下,与人握手时,把手自然大方地伸给对方就可以了。如要表示对他人的尊重,伸手与之相握时,掌心应向上。但切忌掌心向下压,用击剑式握手法去握他人的手,那样会给人一种傲慢、盛气凌人、粗鲁的感觉。

三、不要心不在焉

常见有的人跟人握手时，左顾右盼，心不在焉，或者一边同人握手，一边又与其他人打招呼，这些都是不礼貌的行为，是对对方不尊重的表现。正确的做法是：与人握手时，两眼正视对方的眼睛，以示专心、有诚意。

四、不要戴手套

有人习惯于戴手套，但在握手时，必须把手套摘下来，在有些地方，女士被允许戴手套与人握手，其实，摘下手套更不失身份。

五、不要持久握手

有人喜欢握着别人的手问长问短，罗嗦个没完没了。看似热情，实则过分。尤其是对异性，更不能握着人家的手长时间不放。多长时间合适呢？三四秒钟足矣。

六、不要用左手握手

除非右手有不适之处，否则，绝不能用左手与他人握手。尤其是对外国朋友，这一点特别得注意。比如印度人和穆斯林便认为，左手只适用于洗浴和去卫生间方便，而绝不能去碰其他人。西方人也不喜欢用左手跟人握手。

七、不要随处滥用双手握手

这双手握手，就是我们前面所说的手扣手式握手。有人为了表示自己的热情、友好、常常是像做"三明治"一样，双手紧夹着他人的手不放。这种做法也是不妥当的。当然，并不是说这种方式一概不能用，故友重逢，或对他人进行慰问时，可以用双手握，但不能夹得太紧，像捉鱼一样便不合适了。

八、不要不讲"度"

做任何事都有个度的问题，握手也不例外。有人为了表示自己的热情、真挚，与人握手时使劲用力，这种做法不仅会弄疼对方，还显得粗鲁。与此相反，有人，尤其是个别青年女性，为了显示自己的清高，只伸出手指尖与人握手，而且一点力也不用。这种做法也有失妥当，让人觉得你冷漠、敷衍。显然,过重过轻都不合适。怎样才适度呢?研究家们认为,正确的做法是用手掌和手指的全部不轻不重地握住对方的手,然后再稍稍上下晃一下。

九、不要过分客套

有的人不论跟谁握手,都一个劲儿地点头哈腰,这样做,明显地让人觉得客套过分。与人握手,应该同时致以问候,但如条件所限,不允许出声,点下头也算打个招呼,致了问候。对上级、长辈或贵宾,为了表示恭敬,握手时,欠一处身,也未尝不可,但点头、欠身和没完没了地点头哈腰是两码事。

十、不要交叉握手

有些场合,需要握手的人可能较多。碰到这种情形,可按由近及远的顺序,依次与人握手。切不可交叉握手,尤其是和西方人打交道,更应避免(即两个人相握时,另外两人相握的手不能与之交叉)。因为交叉会形成十字架图案,西方人认为这是最不吉利的事。

2. 一切尽在掌握——获得双方交往中的控制权

在罗马帝国时代,两位领导者见面时的场景,在现代人看来,无异于一场摔跤。经过一番比划和较量,力量较强的一方最终会将手臂压在另一方的手臂之上,获得双方交往中的控制权。久而久之,这样的情景就演变成了我们今天的一句习语:(UpperHandPosition)优势地位。

假设你与某人是第一次见面。见面之后,你们俩便握手致意。通过握手这一动作,你感受到了对方于不经意间传递过来的一些微小的信号,从而也就对他有了一个初步的印象,同样的,对方在同一时刻也对你做出了初步的评价。

以下这些信息全都是我们通过握手这一简单的动作,于无声之中传递给对方的,但是,这却能够对我们任何一次会面的结果产生直接影响。

评价的依据大致分为以下三种:

强势：“他有强烈的控制欲望，并且想将我也纳入他的控制范围。我最好得提防着他。”

我们可以在与他人握手时将手掌翻转，使自己的手心朝下，从而给对方制造出一种强势的感觉。在这一动作中，你并不需要将手掌翻至完全水平朝下的位置，你只要将对方的手稍稍压低，使自己的手掌始终位于其手掌之上就行了。如此一来，对方就会感觉到你希望成为这次会谈中的操控全局的人。

为此，我们针对350位高级行政主管(89%为男性)开展了调查研究。结果显示，在各种面对面的会谈中，这些主管不仅是握手邀请的发送者，而且88%的男性主管和31%的女性主管在握手时都会采用这种能够制造强势效果的握手方法。

与男性相比，女性对于权力和控制权的欲望显然较弱，而这也许就解释了为何只有三分之一的女性会采用这种制造强势效果的握手方式。

同时，我们也发现，在某些社交场合，有些女性会在与男性握手时特意采用一种轻柔的方式以表恭顺。这是她们彰显自身女性特质的一种方法，或者说，她们想借此暗示对方她们有可能会愿意成为被统治的一方。但是，假如事件发生的背景换成了商务会谈或谈判，同样的握手方法却会给女性商务人士带来极其不利的负面影响，因为其温柔的握手很可能会使男性的注意力全都集中在其女性特质上，而忽略了她作为商业合作伙伴的身份。

尽管无论从时尚潮流而言，还是从政治角度上来说，"人人平等"已经成为了这个时代的主流思想。但是，在工作场合使用这种温柔的握手方式，却仍然会遭受其他工作伙伴(包括女性)的轻视。不过，职业女性也无须为此而忧心忡忡，因为这并不代表职场中的女性必须处处都表现得巾帼不让须眉。只不过，如果她们希望能够赢得与男性平等的地位和信誉，就应当尽量避免诸如温柔的握手方式，穿短裙和高跟鞋之类凸现女性特质的行为。

在严肃的工作环境中，彰显女性特质只会让职场中的女性失去合作者的信任和重视。因此，假如职场中的女性希望能够赢得较好的声誉和信誉,最好在与他人握手时,尤其当对方为男性的时候,采取强而有力的握手方式。

弱势:"我完全可以控制住这个人。他一定会按照我的要求去做的。"

与制造强势效果的握手方式恰恰相反,如果你在与他人握手时将手掌翻转过来,手心向上,那就意味着你主动让出了优势地位,将控制权交到了对方的手中, 就好比一只小狗对着一只比它强壮的大狗吐舌头示弱。

假如你希望让对方掌握控制权,或是想让对方觉得你愿意屈从于他,譬如说,你正在向对方道歉的时候,那么,这样的握手方法无疑是最好的表达方式了。

虽然我们可以通过手心向上的握手方式表达恭顺、屈从的态度,但是这也并非绝对。

一个患有关节炎的人出于自身的客观原因,往往会采用一种较为轻柔的握手方法,如此一来,在握手时对方就能轻松地占据优势地位。此外,那些从事的工作对双手有特殊要求的人,例如外科医生、艺术家或音乐家,也会刻意地采用这种轻柔的握手方式,其目的就是为了保护自己的双手。因此,假如你想对此人有更加准确,更加深入的了解,就必须观察其握手之后的一系列肢体动作,从中获取更多的信息。通常而言,性格恭顺的人其表情和动作往往都会显得比较温和,而一个控制欲望强烈的人其动作和表情则会较为决绝。

平等:"和这个人在一起,我觉得很舒服。"

当两个强势的人相遇, 他们之间的握手无疑将成为一场力量的较量。双方使尽浑身解数,只为压制住对方,占据握手时的有利位置,而结果往往就是,两只手就好像平行垂直于地面的两堵墙,紧紧地握在一起。由于双方的手掌均保持垂直于地面的姿势,所以这样的握手方式会给双方带来一种相互平等、互相尊重的感觉。

TIPS 如何通过握手营造气氛

有两个小窍门可以帮助你通过握手制造出和谐友善的气氛。

首先,在与他人握手时,你需要确保双方的手掌保持一种垂直于水平面的姿势,从而排除握手时的强势和弱势之分。

其次,以其之力还施彼身,即握手的力度要与对方保持一致。也就是说,如果我们将握手的力度分为1—10个等级,而你握手时的力度达到了7级而对方却只有5级,那么,你就必须减力20%;假如当对方的力度达到了9级,而你却只有7级时,你就需要加力20%,才能营造出平等和谐的气氛。

在许多社交场合,你可能会需要与多个人握手。在这种环境下,假如你希望能够与每个人都建立和谐平等的关系,就必须不断地调整握手的角度和力度。

与此同时,你还需要记住一点,通常而言,普通男性的手掌力量为普通女性的两倍,所以你在握手的同时还必须考虑到这一点。在人类进化的过程中,男性由于从事诸如抓、举、搬、锤等体力活的原因,其手掌力量得到了充分的锻炼和发挥,达到了大约100磅(45千克)左右的力量值。

最后,请你记住,握手是我们在见面问好和临走道别时用来表情达意的一种方式,也是我们与他人签署合同或协议时做出承诺的象征,所以,我们应该积极主动地伸出手,让对方感觉到我们手心的温暖和友好。

3. 在不知不觉之中瓦解对方的强势进攻

伸直手臂,手心朝下的握手方法很容易让人回想起当年纳粹霸气十足的敬礼。的确,在所有握手的方式当中,这是最强势的一种握手方法,因为这几乎没给对方留下任何建立平等关系的机会。采用此种握手方式的人通常性格孤傲,控制欲强,而且在大多数情况下,他也都是首先发出握手邀请的人。他们笔直僵硬的手臂以及向下的手掌迫使对方不得不迎合他们,采用手心向上的弱势握手方法。

假如你发觉对方有意使用这种霸道的握手方式,企图置你于不利的境地,你大可不必担心,因为只要按照书中所传授的方法去做,你就可以在不知不觉之中瓦解对方的强势进攻。

谁该先伸出手?

确认对方的衣袖之中没有隐藏任何武器,是罗马人发明的一种问候方式。

握手已经逐渐演变为男人们用来维系业务关系的一种沟通方法。

即使是在素以鞠躬这一传统问候方式著称的日本,以及多以“威”(Wai一种双手合十,类似于求菩萨保佑的动作)来问候他人的泰国,握手这一现代的问候方式也是很常见的。在大多数国家,人们握住对方的手之后,通常会轻轻地上下摇动五到七次,然后再放下手。不过,在某些国家,情况可能会有些特殊。例如,德国人握手时就只会轻轻地抖动两到三次,之后,他们会保持静态的握手姿势两到三秒,然后才会放下手。而生性浪漫的法国人就不像德国人这么内敛了,无论是见面问候,还是道别祝福,法国人都会热情地与你握手致意,而且握手的方式和时间也比德国人更加热烈和长久。所以,仔细想一下,法国人每天花在握手上的时间可真是不少啊!

尽管握手已经成了人们初次见面时惯用的一种问候方式,但是,握手其实不仅是一种很普通的问候方式,而且还是一种颇有讲究的社交技巧。在某些情况下,在伸出自己的手之前,我们也许应该想一想,我现在伸手,向他人发出握手的邀请合适吗?既然人们把握手当成了一种能够传递信任和欢迎之情的信号,那么,有几个问题——这是很重要的——我们必须在伸手发出握手邀请之前先问问自己:我是一个受欢迎的人吗?对方见到我究竟是会高兴地与我握手呢,还是只是因为迫于无奈而勉为其难呢?

销售人员在接受培训时,培训老师会告诉他们,当他们在未被邀请的情况下与客户见面时,如果他们想以主动握手的方式来表示友好或真诚,那么,其结果很可能会适得其反。因为此时此刻,顾客可能并不欢迎他们的到来,而如果他们主动要求握手,那顾客就会有一种被强迫的感觉。在这种情况下,培训老师通常会建议销售人员最好能耐心地等待,直到对方主动伸出手来。假如对方并没有任何握手的意思,那么,销售人员最好用点头致意的问候方式来代替握手。

向前迈出左脚

如果你遇到了一位喜欢采用强势握手法的人,通常大多数为男性,有一种方法不仅能够帮助你轻松地化解其犀利的进攻,取得与其平等的地位,而且这种方法还可以立竿见影,迅速地反败为胜。

首先,在对方率先伸出手,发出握手的邀请之后,你可以在伸手回应的同时向前迈出左脚。只要稍加练习,我们就能够熟练地掌握这一动作,因为当我们伸出右手握手的同时,90%的人都会很自然地随之迈出左脚。右腿向前迈进,同时也就将对方原本朝下的手掌向上旋转了90度。

紧接着,你再跟着迈出右脚。于是,你的整个身体便会随之前移,进入到原本属于对方的私人空间内,而此时你的左腿也会因此而产生向前移动的倾向。这时,我们的全套动作也就完成了。到这时,你再握手时,就会发现情况已经发生了微妙的变化。

这种方法可以帮助你巧妙地躲避开对方笔直的手臂,提前占据握手时的有利位置。有时候,利用这种方法甚至可以使你反败为胜,通过握手取得交际控制权。当你迈出左脚的时候,你也就很自然地站到了对方的前面。

对方先发制人,凭借笔直伸出的手臂获得了空间上的优势,而你则巧妙地利用脚步的移动占据了有利的地面位置。两相比较,双方最多也就算是打了个平手。而且,你向前迈步实际上是对对方个人空间的一种侵犯,细想起来,你还略胜一筹。

仔细回顾自己握手时的脚步,检查一下你在伸手握手的同时首先迈出的是左脚,还是右脚。大多数人都习惯于先出右脚,因此,当他们遇到一位强势的握手者的时候,往往都由于缺乏进退的空间而无法扭转局势,只能任由他人掌握控制权。所以,从现在开始,你可以训练自己在伸手握手的同时先迈出左脚。不久,你就会发现,其实要对付那些想通过握手来控制自己的强权者也并非难事。

双手握手法

这是一种最受欢迎的握手方法。当你的双手握住对方的手,双方之间眼神的交流就变得很自然,于是,真诚的微笑便会在不知不觉中爬上你的嘴角。这时,你大声地呼唤着对方的名字,关切地询问着对方近期的健康状况,于是,你与对方的距离也就在一瞬间被拉近了。

采用这种方法的人不仅达到了增加双方肢体接触,拉近双方距离的目的,而且可以通过牢牢握住对方的右手而限制对方权力的延伸。有时候,人们会把这种握手称之为"政治家式的握手",而采用这种方法的人则试图借此给对方留下一个他很诚实且值得信任的好印象。

不过,假如该方法的使用对象是一个你刚刚认识的人,那就很有可能会适得其反,只会让对方怀疑你此举的动机。事实上,双手握手法就好比缩水后的拥抱,因此,这种方法只适用于那些能够接受拥抱这一问候方式的国家和地区。

当遭遇攻击时,90%的人都会下意识地举起右手(也就是我们所谓的右手优先原则)对抗外来袭击,保卫自己。这是人类的一种天生的反应行为。但是,当你使用双手握手法与他人握手时,你却在无形中剥夺了对方做出同样行为的权利。

因此,在你与他人第一次见面时,最好不要采用这种方法与对方握手。

双手握手法是一种只适用于有感情基础的双方的见面问候方式,譬如说好久没见的老朋友再次重逢。在这样的情况下,双方通常不需要考虑自卫,因此,使用这种方法握手会给人带来一种真诚亲切的感觉。

双手握手法的本意是想通过真诚的行为赢得对方的信任,或是向对方表达关切之情。对此,在握手中,我们需要注意两点:

首先,我们在使用双手握手法时,左手的摆放位置通常代表我们对握手另一方的亲密程度，正如拥抱时后伸出的那只手往往决定着拥抱双方的亲密程度，就好比温度计，能够测量出双方之间的热情度一样。

当我们用双手握手时，左手就是这根温度计，它的位置距离对方越近，我们与对方的亲密程度就越深。采用这种方法握手的人在向对方表达亲昵之意的同时，往往还想借此获取双方交往中的控制权。

例如，握手时，如果你握住的是对方的肘部，不仅会显得比仅仅握住手腕更加亲近，而且还能从更大程度上控制住对方。以此类推，肩膀与上臂相比，当然是前者更能凸现双方的亲密程度，而且被搂住肩膀的一方行为所受到的牵制也更大。

其次，当你遇到对方企图以强势的握手夺取控制权的情况时，除了采用第一种方法，你还可以先顺势回应以手心向上的手势，随后再立刻送上左手，用双手牢牢握住对方，最终压制住对方来势汹汹的右手。

这种方法可以轻松将控制权转移至你的手中，而且尤其是对女性而言，这种方法使用起来更加简单便捷。

如果你觉得对方经常会刻意地利用握手来挑衅或者胁迫自己就范，你完全可以在握手时直接握住其手腕。这样的方法更加直接，能够对强权者产生震撼性的效果，所以你需要有选择地使用这一方法，不到万不得已之时，最好不要使用这一极端的握手方法。

获取左侧优势

当两位领导人并肩站立，面对媒体摄影时，无论是从身材体型而言，还是从服饰穿着来说，他们都希望自己能够与对方平分秋色。然而，在旁观者看来，权势的天平却总是偏向于画面左侧的那位领导者。导致这一现象的原因就在于，画面左侧位置上的领导人在握手的时候能够更加轻松地以强势的握手方式压制对方，获得控制权。

1960年，约翰·F·肯尼迪与理查德·尼克松在开展电视辩论之前的那次握手很好地证明了这一点。

当时，全世界的人们对于肢体语言都可谓是一无所知。但是研究显示，肯尼迪却对此有一种与生俱来的领悟感，并且十分善于利用肢体语言。在照片中,他选择了左边的位置,还摆出了一种能够帮助他获取优势地位的姿势,而这也是他在面对公众时最受喜爱的动作之一。

而随之发生的那场著名的竞选辩论更是充分地证明了肢体语言的重要性。民意测验显示,通过收音机收听此次辩论的美国人大部分都相信尼克松是这次竞选辩论的胜利者,而那些通过电视观看辩论的美国人大部分则认为,肯尼迪极富说服力的肢体语言不仅征服了他们,而且也一定能够为他赢得美国总统的竞选。

在各种世界级的会晤中,许多领导人往往因为选择了不利的位置,而只能将控制权拱手让予对方。

异性之间的握手

尽管早在几十年前,女性就已经成为了社会生产力当中不可或缺的一分子,成为这个社会的半边天,但是,时至今日,许多人却仍然在异性交际的道路上摸索着前进,而且常常因为不了解个中细节而遭遇尴尬。

大多数男性声称,年少时,他们就已经从父亲那里学到了一些基本的握手常识,但是接受过同样训练和教育的女性却微乎其微。作为成年人,当一名男子向某位女子伸出手,发出了握手邀请,然而她却没看见。在与异性见面之初,女性往往会将视线集中在对方的脸部,而不是手。这样尴尬的场面的确会让人觉得很不自在。

于是,尴尬不已的先生只好将悬在半空中无人问津的那只手缩了回来,同时在心里祈祷,希望自己的这一举动不要被对方发现。可是,那位小姐却恰好目睹了这一幕。为了缓解尴尬的气氛,她便立刻也伸出手,想握住对方,但是,男子的手已经缩了回去,而只剩下她自己的手孤零零地悬在空中。这时,男子再次伸出手,想握住对方,然而由于紧张,双方手的位置放得不对,结果十根手指交叉在了一起,原本友好的握手变成了恋人间的十指相扣,场面显得异常尴尬。

异性之间的初次见面往往会因为一次糟糕的握手而乱成一团。

假如今后你也遇上了同样的事情,首先不要惊慌,接着你可以用左手抓住对方的右手,将它放到自己的右手中,然后再微笑着向对方说:“让我们重新来一次，好吗？"这样做会令对方对你产生极大的好感，因为你的行为表示出你相当重视这次见面，所以才会如此友好地与对方握手。

如果你是一名职业女性，遇到类似的情况，明智的做法就是暗示对方你已经做好了握手的准备，从而避免因为不察而错过对方的握手请求。

在社交中，你应当尽早伸出手，表达出明确的握手意向，从而避免这种尴尬混乱局面的出现。

看手臂姿势，读懂他的真实想法

一家公司通过几年的研发，终于研制出了一种硬度十分大的玻璃产品，可是在推销的过程中却遇到了困难。公司在市场营销方面投入了大量的人力物力，但收效甚微。不过说来奇怪，有一个新来的推销员却业绩斐然。

这个叫小齐的推销员，虽然很年轻，但看上去很干练。老板问他为什么会做得这么好。小齐说，他也没什么技巧，之所以能够卖出去，完全得益于一次失败的推销经历。

那一次，小齐带了产品资料，去了一家经销商那里。当时经销商正在忙着接待一个老供应商，根本就没有空跟他说话。他在等待客户接待的时候，正好有两名员工抬着一块玻璃进来，一不小心撞到了他，玻璃掉在地上摔得粉碎。小齐连忙道歉，说要赔偿。客户很不高兴，挥挥手说算了，然后态度强硬地把他赶了出来。

被扫地出门的小齐心里一动，过了两天他又来找这个经销商。经销商一见他，两臂抱在胸前，竟然笑着说："你怎么又来了，还真是精神可嘉啊。"

"许经理，上次玻璃的事情我真的很不好意思。不过这也证明了一点，"小齐丝毫不理会他的讥讽，说到这里他看了一眼一脸疑惑的经销商，"这也证明了他们两个抬的那块玻璃实在不结实，硬度不够——我们公司产品的情况,相信您已经了解了,那么现在……"说着小齐拿出一把锤子对着一块玻璃,用力地砸了下去。

经销商一声惊呼:"你干什么……"话没说完,看到结果的他竟然松开双臂,站了起来。因为他看见被小齐砸的那块玻璃竟然丝毫没有破损。

小齐用事实证明了他的产品质量确实过硬。就这样,小齐顺利地拿下了第一份订单。之后,他如法炮制,成功地卖出了不少产品。

客户那交叉抱在胸前的双臂,表达了他心里对你的否定,就像在你们之间筑起了一道墙一般,把你彻底挡在了外边。对于这样的手臂姿势,你能否看得懂,又能否自如应对呢?

1. 由表及里——识别手臂的"防卫"

一个人如果感觉到有危险降临,第一反应就是用手护住自己,增加他内心的安全感。这种将双臂紧紧交叉抱在胸前的动作,就是自我保护的最常见动作。它可以保护心脏、肺等一些至关重要的生命器官,因此,这一动作可以视为是人类的本能。

一旦某人感觉到紧张不安,需要受到保护,或者不愿接受别人的意见,对别人的话持否定或怀疑态度的时候,就会摆出这种姿势,为自己制造一条身体防线,告知对方他有些紧张或不安,以达到保护自己的目的。

不论是基于本能,还是后天形成的习惯,这种姿势都会让人很舒服。人的每一种姿势都与其内心的想法相对应。尤其是一个人对某人或某事持有否定态度,或者根本就是一个多疑的人,对什么事情都怀有一种防御心理,当他这样抱起双臂的时候,就会感觉很舒服、很自在。反过来,如果他对你摆起了这种姿态,也就基本说明了他心里的态度。

当你与客户交谈的时候,如果看到对方摆出了双臂交叉的姿势,你就应该立刻警觉,是不是自己说了一些与对方观点不同的话,或者自己说的话是否会有让对方误会或怀疑的地方。这时候,你一定不能再将这个话题继续下去,因为他的身体语言已经很明确、很诚实地告诉你,他并不赞成你的话,而且只要他交叉的双臂没有松开,就不会改变对你的否定或者怀疑态度。

更有甚者,如果他在将双臂交叉抱于胸前的同时,两只手也紧紧地攥成拳头,夹于腋下,这表示他不仅有着强烈的防御意识,还带有十分明显的敌意。如果不及时采取一种比较缓和的方式阻止事态进一步恶化,说不定就会引来口舌之争,甚至是更加激烈的大打出手。

如果客户在交叉双臂环抱于胸前的同时,两只手紧紧抓住另一只手的上臂,甚至由于力气过大,阻碍了血液循环,使得双手的手指和指关节都泛白了。这是一种消极、拘谨、紧张的心理表现。这意味着此刻他的内心正处于不安与紧张的状态,此时的他是绝对不会购买你的产品的。

但如果你发现对方将双臂交叉抱于胸前,而大拇指则保持向上竖起,同时还伴有一些表示肯定意义的动作和表情。那么,此时此刻,你大可以放心地向他提出下单的要求,因为对方虽然没有开口,但是已经将自己的购买意向通过身体语言表露得一清二楚了。

不过有的人为了不让别人窥探到自己内心的想法,会刻意地改变这种方式,将一只手看似轻松地搭在另一只手臂之上,或者用手触摸手提包、手镯、手表、衬衣袖口等与另一只手臂有接触的物品。这种手臂弯曲会异曲同工地在你们之间构筑一道屏障,帮助他维持内心的安全感。

2. 即学即用——破解手臂的"心态"

身体的姿态和动作所表达的意思,很多时候是丰富而又复杂的。就比如小齐面对的那个经销商的"双臂交叉抱在胸前"的姿态。一般来说,这种姿态表示的意思是防御对方精神上的威胁,是一种下意识形成的防范动作。

但它还有其他多种意思,这需要你细心地观察与体会,才能熟练掌握。如果对方的双臂紧紧交叉,双手紧握,这是强烈的防御和敌对态度的表示,说不定对方还会伴着咬紧牙关、涨红脖子等身体语言。

如果对方双臂交叉，一只手握住另一只胳膊，这个信号通常表示了一种紧张、期待的心情，或者是一种试图控制紧张情绪的方式。比如，当一个人等候面试、等待就诊、见到陌生人有点紧张或回答问题有些畏怯的时候，通常会有此动作。如果一只胳膊横在胸前，并用这只手握住另一只胳膊，这往往说明此人缺乏自信，有点紧张不安。如果对方双手相握，有一些伪装性的手臂局部交叉，这种姿势也带有一定的防御性，只是更加隐蔽。

这种双臂交叉的姿势是大多数人经常摆出的造型，此外还有几种手臂姿势，各自代表着一定的心理状态。

比如，双手叉着腰放在臀部，肘部从身体两侧突出来，这个动作的意思是说"别理我，烦着呢"、"别跟我待在一起"，或者表示对方非常自信、非常自立。

如果某人想在社交场合把别人排斥在小圈子之外，会把一只手放在臀部，以暗示对方不受欢迎；双臂打开，双手紧扣，放在背后，意味着为人坦诚，因为这种姿势相当于在对人暗示他没有什么需要自我保护的，这种人一般也比较自信；如果对方频繁地挥动手臂，很可能说明对方非常情绪化，或者很生气，已经到了无法自控的地步。

和手臂关系最为密切的器官就是手，因此，在手臂做动作的时候，手也不会闲在一边。如果一个人的手臂和手掌有从上往下压的动作，一般是在表现他有力、有权威性、不容置疑；如果他的动作相反，从下往上抬，往往说明这个人比较温和、友善；如果他的手臂向两边伸展，手掌向上抬，是在表明他接受、认同的态度。

TIPS:从男人揉搓手掌看穿他心理玄机

"细节决定成败"，可是能认清这一点并且注意好平时生活中的日常细节的朋友却是少之又少。生活中的一些细微的小动作很容易"出卖"我们，像揉搓手掌、把口袋里的铜钱弄得叮当响等，都暴露了我们内心的想法。

人们在紧张或者一些特定场合中,都会有不少习惯性的动作,例如不少人演讲之前都要轻轻咳嗽几声,亮亮嗓子,也有不少人在重大场合面前要不断上洗手间……你不经意间习惯性的小动作,足以出卖了你的内心,让你的想法暴露无遗。

千万不要小看了这些小细节,很多时候你的一个小举动就能影响重大,让竞争对手把你轻易拿下,让爱人轻易洞察你的心理玄机。很多男人都会有揉搓手掌这样的习惯性动作,今天我们一起从男人揉搓手掌的动作中看穿他的心理玄机。

期盼的心情

人们在遇到一些高兴的事情的时候,大都会表现出一脸的兴奋,会伴有鼓掌之类兴高采烈的动作。而很多场合之下,鼓掌太过于张扬,因此人们渐渐把鼓掌低调成了揉搓手掌,以表达他们内心期盼与高兴的心情。

小孩看见母亲从超级市场推出一车子的东西,他很可能揉搓手掌,作出期盼的姿态。揉搓手掌能很好地表达出内心期盼的心情并且不至于太过张扬,所以这是很多男人的习惯性动作。细心观察一下你身边的男人,在你们很久没见面后,再次见面时他是否会揉搓手掌表示他的兴奋?他是否会眉飞色舞激动万分?如果他会有这样的神情,那么恭喜你,他还是深爱你的,假若他表现得若无其事,那么你们的爱情有可能已经过了保鲜期了。赶紧采取法子点燃你们岁月的激情吧。

饶有兴趣

在谈判的录相带中,有人快速地揉搓双手,像是期望着什么东西。开始谈判时,一方看到这个姿态感到十分惊讶,会立刻暂停,询问对方是否预先有别的安排。他的笑容会告诉你,他搓手的动作,只让我们相信他知道并且喜欢即将到来的事情。

人们在进行一项活动前,常常像洗手一样揉搓双手。除非他的手冷,否则即是暗示对那项活动很有兴趣。也许这也是赌徒在掷骰子之前,总要先揉搓一番双手的缘故吧。

你为你们的假期安排了活动,为他准备了晚餐,想知道他是否感兴趣,看看他是否会揉搓手掌吧。在平时共处生活中,多了解他的兴趣爱好,让他知道你为他费尽心思,这样你会经常看到他在你跟前揉搓手掌的。

紧张不安

不少人在紧张的时候都会有很多小动作,有的会频繁上洗手间,有的会走过来走过去,有的会念念有词,有的会不断揉搓手掌……

在我们紧张的时候,我们的汗腺似乎特别丰富,能感觉到手心都会出汗。这时候,我们都会用某种东西擦干汗湿的手。男人通常用裤子,女人则常用手帕或卫生纸。而拿着这些东西不断地揉搓手掌就是紧张不安的最好证明了。在上法庭作证、新人发表演说或运动员等着出赛时,人们都常作出某种擦掉掌上汗水的姿态。

恋爱中,男人总会精心准备很多浪漫的事情,见到你后因紧张而揉搓手掌很常见。男人在你面前紧张,证明他足够重视你,仍然把你放在心底重要的位置。

想要了解男人内心的玄机,看看他是否会在你跟前揉搓手掌就能知晓一二了。

第五章

身体语言,比说话更有效的沟通方式

在无声电影时代，由于肢体语言是大银幕上惟一的沟通方式，因此，像查理·卓别林这样的电影演员就成了揣摩并施展肢体语言技巧的先驱。在当时，能否恰到好处地使用各种手势以及能否巧妙地用身体各部位发出信号与观众交流，就成了评判演员演技好坏的标尺。

有声电影时代的来临使人们渐渐地将注意力的焦点从无声的肢体语言转移到了演员的对话之上，结果，许多无声电影演员便因此而失去了往日的辉煌，逐渐销声匿迹。只有那些既擅长对话表演形式，又具备精湛的肢体表演技能的演员，才最终得以在这场电影的大变革中生存了下来。

在肢体语言的学术研究成果中，20世纪以前最富影响力的一部作品大概要数查尔斯·达尔文于1872年出版的《人类和动物的情感表达》一书了，不过，这是一部针对学者，以讲述理论为主的作品，并不适合大众阅读。

然而，这本书却引发了一场全球范围内的关于面部表情与肢体语言的现代研究，达尔文的许多观点和观察结果最终也都得到了来自世界各地的研究者们的证实。

从那时起直至现在，研究者们已经收集并记录下了将近一百万条非语言信息及线索。20世纪50年代的一位研究肢体语言的先锋人物阿尔伯特·麦拉宾发现：一条信息所产生的全部影响力中7%来自于语言（仅指文字），38%来自于声音（其中包括语音、音调以及其他声音），剩下的55%则全部来自于无声的肢体语言。

人类学家雷·博威斯特（RayBirdwhistell）是最初"非语言交际"——他称之为"动作学"——的倡导者。针对人与人之间发生的非语言交流，博威斯特也做出了相似的推断。他指出："一个普通人每天说话的总时间大约为10-11分钟，平均每说一句话所需的时间则大约只有2-5秒。同时，他还推断出，我们能够做出并辨认的面部表情大概有25万种。"

和麦拉宾一样，博威斯特还发现，在一次面对面的交流中，语言所传递的信息量在总信息量中所占的份额还不到35%，剩下的超过65%的信息都是通过非语言交流方式完成的。

商务会谈中谈判桌上60%-80%的决定都是在肢体语言的影响下做出的。同时，人们对一个陌生人的最初评判中，60%—80%的评判观点都是在最初不到四分钟的时间里就已经形成了。

除此之外，研究成果还指出，当谈判通过电话来进行的时候，那些善辩的人往往会成为最终的赢家，可是如果谈判是以面对面交流的形式来开展的话，那么情况就大为不同了。

因为，总体而言，当我们在做决定的时候，在所见到的情形与所听到的话语中，我们会更加倾向于依赖前者。

为何你会心口不一

当我们与某人第一次见面的时候，通常情况下，我们都会很快就对他做出一番评价。尽管我们做出的评价也许与实际情况有所出入，但是通过此番评估，在心里，我们已经对他的友好程度，控制欲强弱以及成为自己伙伴的可能性大小有了一个初步的了解——不过，在此过程中，我们首先观察的却不是对方的眼睛。

目前，大多数研究者都已经肯定了这样一个事实：话语的主要作用是传递信息，而肢体语言则通常被用来进行人与人之间思想的沟通和谈判。在某些情况下肢体语言甚至可以取代话语的位置，发挥传递信息的功效。

例如，一位女士无须开口说话，仅仅通过"可以杀人的眼神"，就完全可以向某位男士传递出一种非常明确的信息。

人类是一种灵长类动物，也就是说，我们每个人其实就是一只毛发退化了的类人猿，而我们与其他猿猴的不同之处就在于我们学会了用两条腿直立行走，且有一个进化了的聪明大脑。尽管如此，我们仍然和其他物种一样，要受到生物学规律的制约，所以我们的各种行为，对外界所做出的种种反应，以及我们的肢体语言和手势都与生物学规律相吻合。

有趣的是，作为一种动物，人类在绝大多数时候都没有意识到自己通过各种身体姿势、动作和手势所传达的信息与本人通过语言所传递的信息常常背道而驰。

1. 为何我们容易产生误解——身体语言如何体现情感？

法国前总统希拉克、美国前总统罗纳德·里根、澳大利亚前总理鲍勃·霍克，这三位领导人经常会用手来表现他们内心对于各种事件中不同数据的想法。

通过对比，鲍勃·霍克发现政府官员的收入低于行政员工，所以，他曾经要求提升政府官员的收入待遇。霍克指出，行政员工的工资得到了大幅度的提升，相比之下，政府官员工资的提升力度显然远远低于行政员工。于是，每当他提及政府官员的工资，霍克双手间的距离达到了一码（大约1米）远。但是，当他提到行政员工工资的时候，他双手之间的距离却只有一英尺宽（大约30厘米）。所以，鲍勃·霍克双手间的距离就反映出了他的内心想法——他认为政府官员的收入与他能够接受的收入之间还存在着较大的差异。

肢体语言是一种体现个人情感的外在表现形式。每一个手势或动作都有可能成为我们透视他人情感、情绪的关键线索。

例如，一个知道自己长胖了的男人可能会用力地拉扯他下巴处褶皱的皮肤；一个认为自己大腿变粗了的女人则会不断整理下装，尽量使自己的裙子保持一种平滑下垂的状态；一个感到害怕或处于防御状态下的人会双臂环抱，或摆出一个双腿交叉的姿势，又或者会同时做出上述两种动作。当一个男人与一个丰满的女人交谈时，他会刻意地避免直视对方的胸部，而与此同时，他的双手则会下意识地做一些小动作。

　　解读他人肢体语言的关键就在于你是否能够一边倾听对方的谈话，一边观察他说此话时的语言环境，从而了解他的内心情感。

　　在任何一次面对面的谈话中，大部分的信息都是通过肢体语言来进行交流的，但是，绝大多数人却经常会忽视肢体语言信号以及他们的作用和影响。

　　学会计出身的小米有一个不太好的习惯——只要一坐下就会跷起腿抖脚，而且越抖越厉害，用她朋友的话说，在桌子上放一杯水，只要她一抖脚，五分钟不到，杯子里一滴水都不会剩下。朋友跟她说了好几次，她总是不以为然，终于在一次面试的时候吃了亏。

　　一家公司招聘财务助理，她去面试，觉得那简直就是十拿九稳的事情，没想到竟然惹了一肚子气回来。负责面试的是一个四五十岁的中年男子——财务总监，一开始对小米特别客气，热情地接待她，还给她倒水。

　　小米一坐下，老毛病就犯了。财务总监觉得小米总是在动，开始还没注意，仔细一看才知道小米在抖脚，当时就一皱眉。他估计小米可能一会儿会停下来，强忍着不去看，继续面试，可眼睛老是不由自主地转向小米的身体，终于，财务总监受不了了，暂停了面试，出去喝了杯水。回来一看，小米还是我行我素地抖着脚。

　　又谈了一会儿，财务总监竟然直言不讳地要求小米不要抖脚，小米立马跟对方理论了起来。财务总监毫不客气地说："拿好你的东西，你可以走了。"小米也不示弱："走就走，破地方，谁稀罕啊！"气鼓鼓地离开了。

　　抖脚这个小毛病，谁见谁都烦，你有没有类似的习惯性不雅坐姿呢？如果有，趁早改掉，千万别让它破坏你在面试时候的整体形象。

　　基本上，所有的公司在招聘面试的时候都会采取面对面的座谈形式，面试时间从十几分钟到几十分钟不等，坐的时间长了，渐渐地就会感觉到不舒服，会产生一些生理方面的变化，随后心理状态也会发生变化——自制力减退，注意力分散，坐姿会不自觉地发生改变，跷腿、抖脚、踏地面，甚至玩弄衣带、烟盒、笔、名片、纸巾等一些令人反感的小动作也会随之出现。

　　这些动作，会颠覆之前给面试官营造的有教养、有知识、有礼貌的形象，显得你不成熟、不庄重。比如，小米面试的时候在财务总监面前抖脚，也许她个人觉得这根本就是一件无足轻重的事，认为这完全是个人行为，只要自己愿意谁都管不着，但是别人会被抖得心烦意乱，比如财务总监很可能会觉得她这个人品行轻浮、不够稳重，完全不胜任财务助理这个职位。抖脚这个动作确实是一种不耐烦或者对别人不尊重的表现，甚至在一些人眼里这是一种没有素养的行为。

如果你在面试官面前有类似的行为，他给你的总体印象分，一定会大打折扣，甚至会对自己原来已经作出的决定重新考虑。

为什么一个人的坐姿好坏会有如此大的影响呢？这是因为坐姿是人向外界传达内心思想感情的重要方式之一。仔细观察和体会一个人的坐姿，可以了解和认识这个人。在面试的时候，正确、优雅的坐姿，不仅能够传递出自信、友好、热情的正面信息，还能显示出高雅、庄重的良好风范。反之亦然。

俗话说："站如松，坐如钟。"面试的时候一定要讲究坐姿，良好的坐姿是给面试官留下好印象的关键要素之一。在面试官面前，要表现出自己的成熟庄重，有意识地控制日常生活中的一些不雅动作和不良习惯，以免因为那些不雅坐姿让自己错失良机。

首先，你应该注意坐的位置。有两种比较极端的坐姿是首先应该避免的：一是紧贴着椅背坐，那样会显得太放松；二是只坐在椅边，那样会显得太紧张。落座之后，最好的位置是坐满座位的三分之二，这样，既能说明你坐得稳当、自信满满，不会因为稍向前倾就失去重心一头栽下去，还能说明你没有过于放松，把面试地点当成茶楼酒肆。

其次，你应该注意上身姿势。要保持头部端正，不要仰头、低头、歪头、扭头。要保持身体直立、端正。双手可以各自扶在一条腿上，或者双手叠放或相握放在自己一条腿上，也可以放在皮包或文件上，双手也可以放在身前桌子上，双手平扶桌沿或是双手相握置于桌上，或者你也可以把手放在椅子两侧的扶手上。

另外，你还应该注意下肢的姿势。最好避免正襟危坐，那样会让气氛比较僵硬，你可以采用垂腿开膝式、双脚内收式、双脚交叉式"摆放"你的双腿,如果是女士可以采取前伸后曲式、双腿叠放式、双腿斜放式等既保险又美观的方式。

坐下之后,为了保持美观,显得大方、得体,不要让双腿叉开过大,或直伸出去,不要抖脚,不要把脚尖指向面试官,上身不要趴在桌子上,双手不要抱在腿上,这样会显得过于随意、懒散、不礼貌。在面试的时候,你可以架腿,但一定要使两腿并拢才行。

2. 勤观察、细思量、适表现——领悟无声语言背后的含义

有些人,由于身着的服饰与自己的身材不合或者过于紧绷,很有可能会因为无法做出某种动作而影响肢体语言的使用。举例来说,肥胖的人通常都无法跷起二郎腿。身穿短裙的女人出于保护自己的目的,会在坐下的同时双腿紧紧合拢。但是,这样的姿势却会让别人产生一种拒他人于千里之外的感觉,亲和力不够,所以,在舞会上她们得到的受邀请的机会有可能会比其他女人少。

虽然以上这些情况仅适用于少数人群,但是我们应该明白,对于理解无声的肢体语言而言,全面细致地思考问题是关键的一步。只有彻底地了解了个人能力及其身体的局限性对肢体语言的影响,我们才能正确地领悟无声语言背后的含义。

杰克是一家知名家电生产厂家的销售员,他曾经为当时销售业绩极其不理想的冰箱产品注入了起死回生之力。

在那段时间,该厂生产的冰箱虽然品质优异,却无人问津。杰克作为该厂创业阶段的销售员,想尽各种方法,也推销不出多少台冰箱。正在苦苦思索、推销乏术的时候,他的一个朋友给他出了一个主意:让客户参与进来,而不是光靠杰克口头宣讲。

杰克给自己的推销设计了几种方案,最终选择了其中一种。当他再次推销的时候,为了证明该冰箱的制冷功能,先以手弄脏了为由,将自己的一只手摊开,接着他拿出一条湿毛巾盖在手上,然后把手伸进冰箱里。

因为那条毛巾是湿的，所以很容易就会和手吸在一起。这时候他就告诉对方："我们的冰箱最低温度能够达到零下25度，任何东西放到里面，都会立刻结冰，如果我的手这样放上一分钟，估计您就得帮我叫救护车了。不过冰箱的耗电量会大一些，如果您不想把东西冰冻起来，存到下个世纪的话，也不用把温度调那么低，因此，实际上也不会耗费那么多电。"

通过杰克如此的表演和言辞，很多客户都相信了他们的冰箱的确名副其实，他们的冰箱销量也大幅上升了。用这种方法表现冰箱的强冷，的确是很有效的临场表演。

从这个小故事可以知道，光是靠嘴巴说，很难让对方有深刻的感受，但加上了身体语言则大大不同了，它可以让你的言语发挥的效果加倍。

身体语言也是语言的一种，它也是由单个"词语"构成的，这种"词语"就是一个又一个的身体信号。杰克做出的动作，就是一种具有很强示范性和引导性的身体信号，这种通过身体传达出来的信号，比单纯的语言更具有说服力和可信度。

心理学家认为，一个人外部表现出来的某种姿态是其内心状态的外在展示，它依这个人的情绪、感觉与兴趣而定。甚至有时候，一个从内心所发出来的姿态，要比成百上千句话更有分量。在推销产品的过程中，如果你能做出一些显示积极形象的姿态或者动作，往往能够为你的推销和示范增色，并且收到更好的效果。

其实，从你在客户眼中出现，到你开口说话的这一段时间，你一直都在"表达"，只是并不是用嘴，而是用你的眼睛、你的动作、你的全身，他们能够从中发现很多信息。你的这些表现，会让客户在第一时间就做好应对你的准备，决定是否要听你说话。

因此，在开口之前、在交谈之中、在告辞之时，你都必须时刻用你全部的身体向你的客户传达你对他的敬意与好感，暗示出你所要说的话的重要性。

尽管很多自然而然流露出来的动作和姿势不是凭自己的主观意识能够控制的，但这也不是说姿态就是死板的动作，完全可以任它自由发挥，你还是可以根据自己的想法，把姿态加以改变，让它变得更加柔和、更加舒展、更加自然。当然了,也不要把它训练成为一种模型,那样不但看上比较单调,而且也会让对方觉得你举止可笑、有失礼节。

在和别人交流的时候使用身体语言,宗旨在于协助有声语言,更好地表达自己的思想感情,因而必须适时、适当、正确地使用身体语言,不能夸张、轻浮。

首先,要自然。自然是运用身体语言的第一要求。比如,有时候你会见到有的人在说话的时候就像背台词一样,动作生硬、刻板、做作,跟木偶没什么区别,这种表现一定会让人看上去觉得别扭、不真实、缺乏诚意。在交谈的时候,你应该出于自然,不能故作模样,这样才能得到他人的信赖。

其次,你的动作应该保持大众化,而且要简洁明了,举手投足一定要符合大众的一般生活习惯。否则如果搞得复杂繁琐、拖泥带水,甚至表现得龇牙咧嘴、手舞足蹈,像是在演话剧一样,既会喧宾夺主,妨碍有声语言的正常表达,又会给人一种眼花缭乱的感觉,让人看不懂,不知所以。也就是说,在使用手势或者摆出某种姿态的时候,一定要克服不良的习惯动作,尽量让它雅观一些,那种无意义的、多余的手势,只会影响你和客户之间的正常交往。

再者,你要让自己的肢体动作表现得适宜、适度。也就是说,你的动作要适量,不能影响客户对你说话的注意力。如果你说话的时候动作太多,就不是在展现你的口才,而是在表演。另外,你的动作还应该与说话的内容、情绪、气氛保持一致,绝对不要故作姿态、故弄玄虚,甚至"手"口不一。如果你拿着产品资料,递给客户,却让他看大屏幕,客户一定会被你搞得晕头转向、大惑不解。

最后,在交谈的时候不要总是保持同一种姿态,而是应该富有变化。尽管有时候某些动作上的重复是有必要的,如保持比较固定的坐姿、表情,毕竟它能够重现或强调某些事情或者你的情绪,但如果一而再再而三地重复一种姿势、一种表情、一种手势,一定会让你显得迟钝死板、单调乏味,说不定客户会随着你的同一个手势的节奏慢慢入睡。因此,在和客户对话的过程中,应该根据不同的内容、情绪的变化,适当地变换动作和姿态，以表明你生动活泼，富有朝气和魅力。

在交谈的时候，你还应该注意一些身体语言禁忌。因为有一些不雅的动作、令人不舒服的坐姿或者具有攻击性的姿态，很可能会颠覆你的形象，让你前功尽弃。比如说，在会见客户的时候，最好不要双手环抱在胸前或者跷二郎腿；你可以看着客户，保持基本的眼神交流，但是不要像审问犯人一般死盯着对方不放；要跟客户保持一定的距离，双脚可以适当打开，不要紧闭，并放松双肩，这样会让你显得很有自信，不具有威胁性；当客户说话的时候，不要弯腰驼背，显得作风懒散，要轻微点头微笑，保持身体微微前倾，以表示自己对他说的话很感兴趣；坐的时候，不要显得坐立不安、手足无措，否则会让客户觉得你过于拘束，或者有所隐瞒。

3. 如何成为身体语言解读专家——全球通用的表情和动作

一位男性面试者向我们解释了他放弃之前那份工作的原因。他告诉我们，他觉得之前的公司没能给他提供足够的发展机会，但是由于他和所有的同事都相处得十分融洽，所以在是否离开原来那家公司的问题上，他一直有些犹豫，觉得很难抉择，直到最近才做出了这个艰难的决定。

听完他的陈述后，一位女面试官说，她的"直觉"告诉自己，这位求职者在说谎，而且尽管他对自己的前任老板赞美不已，但是事实上，他并不认可这位上司。通过对面试录像进行慢动作回放，我们注意到，每当提到前任老板，这位求职者的左脸上便会闪现出一种转瞬即逝的嘲笑的表情。

在大多数情况下，这些自相矛盾的信号都会在说谎者的脸上显现出来，但是显现的时间非常之短暂，稍纵即逝，因此，没有接受过专业训练的观察者大都无法发现和辨认这些细微的信号。

事后，我们致电他的前任老板，结果发现，这位求职者是因为与其他同事共同贩毒而被公司开除的。显然,他相信自己能够用虚假的肢体语言骗过我们的眼睛,但是他自相矛盾的细微肢体信号却让我们的女面试官发现了他的破绽,从而揭穿了他的谎言。

通过上述故事里提到的方法,我们完全能够区分真假肢体语言,判断出对方究竟是个诚恳诚实的人,还是一个说谎者或冒名顶替者。摊开手掌以示诚恳的方法学起来并不困难,但是一些细微的身体信号,譬如说瞳孔放大、发汗、脸红等,却很难通过有意识地学习而掌握。

不过,在某些个案里,当事人会有意地制造虚假的肢体语言从而取得某方面的优势。举例来说,在世界小姐或环球小姐竞选中,每一位参赛者都会故意做出一些事先准备好的肢体动作,从而为自己营造一种真诚而热情的气质,给评委和观众留下深刻的印象,最终获得较高的评分。然而,即使是接受过专业训练的参赛者,她利用虚假的肢体语言蒙蔽评委和观众的时间也不会很长。因为,时间一长,其他的那些肢体信号就会暴露出许多与有意识的假动作相矛盾的信息。为了争取投票者的信任,许多政治家们都十分善于利用虚假的肢体语言,堪称这方面的专家。

总而言之,要想长时间地利用虚假的肢体语言来隐藏自己的真实想法,是一件十分困难的事情。但是,正如我们在下文中谈到的,我们应该认识到,学会正确地利用肢体语言与他人进行交流,避免使用容易产生误解的肢体语言,扬其长,避其短,使肢体语言真正为我们所用,这对我们每个人而言都是相当重要且必需的。充分发挥肢体语言的优势将会使我们与他人的相处变得更加融洽,也会使我们自己变得更加容易被他人所接受。

为何孩子的身体语言容易理解

与年轻人相比,要想正确理解老年人的面部表情和动作似乎是一件更加困难的事情,这是因为老年人面部肌肉的伸缩能力比年轻人差很多。

完成某些动作和表情的速度,以及在他人眼中,完成动作和表情的明显程度与每个人的年龄息息相关。例如,如果一个年仅五岁的孩子撒了谎,他很可能会在说完之后就立刻用一只手或双手捂住自己的嘴巴。

　　孩子捂住嘴巴的动作往往会提醒父母,孩子正在说谎。而这一动作也很有可能会贯穿一个人的一生,只不过在这一过程中完成动作的速度发生了变化。当一个十来岁的少年说了谎,他也会像之前那个说谎的孩子那样,将手移到嘴边。不过,与之前迅速地遮住嘴巴不同的是,他只是将手指放在嘴边,轻轻地在嘴边摩挲着。

说谎的小孩撒谎的少年

　　成年后,人们在年幼时养成的一撒谎就捂嘴巴的习惯动作的速度甚至变得更快了。当一名成年人说了谎话,他的反应和五岁的孩子以及少年说谎时的反应一模一样,将手向嘴巴的方向移去,就好像他的大脑向手发出了指令:捂住嘴巴,从而不让那些不真实的话语说出口。但是,最终,他举起的手并没有放在嘴巴上,而是在轻轻地碰触到鼻子之后就又重新放下了。这就是一名成年人在试图掩饰谎言时经常会用到的一种肢体动作,其本质上和五岁孩童捂嘴巴的动作是一致的,只不过方式发生了改变而已。

　　比尔·克林顿正面对大陪审团,回答他们所提出的关于莫妮卡·莱温斯基的问题就表明,随着人们年龄的增大,他们的肢体动作和面部表情也就随之变得不再那么明显,所以,同样是解读肢体动作和面部表情,假如对象是一名五岁的孩童,而不是一位五十岁的中老年人,那情况就会变得简单多了。

你能伪装表情,做假动作吗

　　常常会有人问:“你能够在自己的肢体语言上做手脚吗?”通常情况下来说,这个问题的答案都是否定的。

　　因为,假如我们对肢体语言弄虚作假,那么,在同一时间发生的主要肢体动作和表面表情,肢体细节所传递的微信号以及我们的话语,这三者之间必定无法达成一致。

　　例如,摊开的手掌通常被认为是诚实的标志,但是当作假者对你说了谎,虽然他面带微笑,而且向你摊开了手掌,但是一些细微的身体动作和表情却会让他的谎言不攻自破。他的瞳孔可能会变小，他可能会扬起左边或右边的眉毛，而他嘴角的肌肉则可能因为紧张而略微有些抽搐。所有这些信号所传达的信息都与摊开的手掌和真诚的微笑代表的含义相悖。结果，他的谈话对象，尤其是女人，通常都不会相信他的话。

相比较而言，两性中，男人更容易被虚假的肢体语言所蒙蔽，而女人解读肢体语言的能力比男人更胜一筹。

解读身体语言之辞典

人际互动时，从解读身体语言得来的信息，往往比话语还多。这些无声的线索包括表情、眼神、姿态、手势、声音、触摸，甚至衣着、距离等等。心理学家认为，这些身体信息和语言表达的关系如下：

重复（Repeating）：重复谈话内容。例如看病时，同时用话语和手势指出不舒服的部位。

矛盾（Contradicting）：行为和语言信号不一致。例如交叉双臂、看着地上、板着脸说："我赞成你的看法。"

等同（Substituting）：看到一个人眼眶泛红，泪光盈盈，不用解释也知道他正伤心难过。

强调（Accenting）：以行动加强语意。例如皱着眉、掩着鼻子说："臭死了！"

调节（Regulating）：例如用眼神暗示下一位可以准备发言；语速放慢，表示发言快结束了，等等。

解读身体语言之意在言外

姿势、表情和动作，可以泄露你的真实想法与个性。那些隐藏在身体语言中的情绪可分为几大类：

开放与接纳：咧着嘴笑；手掌打开；双眼平视。

配合：谈话时，身体前倾，坐在椅子边缘；全身放松、双手打开；解开外套纽扣；手托着脸。

自信：抬高下巴；坐时上半身前倾；站立时抬头挺胸、双手背在身后；手放在口袋时露出大拇指；掌心相对、手指合起来呈尖塔状；翻动外套领子。

紧张：吹口哨；抽烟；坐立不安；以手掩口；使劲拉耳朵；绞扭双手；把钱、钥匙弄得叮当响。

缺乏安全感：捏弄自己的皮肤；咬笔杆；两个拇指交互绕动；啃指甲。

挫折：呼吸急促；紧握双手不放；拨头发；抚摸后颈；握拳；绞扭双手；用食指点物。

防卫：双臂交叉于胸前；偷瞄、侧视；摸鼻子；揉眼睛；笑时紧闭双唇；紧缩下巴；说话时眼睛看地；瞪视；双手紧握；说话时指着对方；握拳作手势；抚摸后颈；摩拳擦掌；双手交握放后脑勺，整个人向后靠在椅背上。

正确解读身体语言的三大规则

身体就像一个无法关闭的传送器，时刻传送着人们的心情和状态。语言通常用来表达正在思考的东西或概念，而非语言信息则较能传递情绪和感受。因此，在解读时，必须考虑当时的情境、关系深浅、文化背景等外部因素。

例如在西方，拥抱、亲吻是普通的社交礼仪，但在东方，却可能会被误解成轻佻无礼。

1. 连贯地理解

初学者经常会犯一个最致命的错误，那就是将每个表情或动作分离开来，在忽视其他相联系的表情或动作以及大环境的情况下，孤立、片面地解读他人的肢体语言。譬如说，挠头所表示的含义有很多，比放说尴尬、不确定、去头屑、头痒、健忘或者撒谎等等，所以，其具体含义应当取决于同时发生的其他表情和动作。

　　和说话一样,肢体语言也有词组、句子和标点之分,每一个表情或动作就好比一个单词,而每一个单词的含义都不是惟一的。例如,在英语中,"dressing"一词就至少有十种解释,其中包括穿衣服的动作、食物的调味料、肉类食物的配菜、伤口的包扎敷料、化肥以及马饰等等。

　　因此,只有当你把一个词语放到句子里,配合其他词语一起理解时,你才能彻底弄清楚这个词语的具体含义。以"句子"的形式出现的动作或表情被称为肢体语言群,就好比我们如果想说一句话,就至少需要用三个词语来组织才能清楚地表达说话的目的。

　　可以这么说,如果一个人能够读懂无声的肢体语言长句,并且准确地将他们用有声的话语表达出来,那么,他的"感知力"一定很强,或者说他的"直觉"一定很灵敏。

　　比如,挠头可以表示不确定的意思,但是也可以看成是一个去头屑的动作。

　　所以,如果你想获取准确的信息,就应该连贯地来观察他人的肢体语言。

　　当我们感到无聊,或是有压力的时候,我们常常会不断地重复做一个或者多个动作。不停地摸头发或玩头发就是这种情况下我们最常见的一种表达方式,可是,假如不考虑其他动作或表情,同样的动作却很有可能表示这个人心中很焦虑,或是不确定。人们之所以会在这样的情况下做出摸头发或抚摸头部的动作,完全是因为当他们还是个小孩的时候,他们的妈妈就是用这样的方式来安抚他们的。

　　推销员小赵很郁闷地从客户公司走了出来,从楼下望着客户办公室的窗户,不禁叹了口气:"这个客户太难捉摸了。"

　　事情是这样的:上个星期三下午,小赵带着产品样品,来到了客户办公室。这是客户上次在电话里特别说明的,说希望能够带一些样品来让他们试销一下,如果觉得效果不错就批量订购。

　　今天又来到了客户公司,客户说试销的情况不太乐观,效果一般,跟其他的产品相比似乎没有什么优势,唯一的一点优势,就是由于是新品上市,价格比其他的产品要便宜一点。客户说如果每箱的进价能降低10

块钱，他们就考虑一次性进货100箱。

小赵说这个条件恐怕没有办法答应，因为公司有规定，只有一次性采购500箱或者最低签订三年的购销合同才能享受这样的折扣。随即，小赵又开始拿自己的产品和其他的产品作比较，试图说明自己的产品的确有过人之处。

刚开始的时候，小赵没有注意，后来仔细一看才发现，客户正在闭着眼睛，自己说的话都不知道客户是否听得进去。客户如此，自己又不能叫客户睁开眼睛。但这样下去也不是办法，过了一会，小赵还是先开口跟客户告辞了。

睁眼、闭眼是十分常见的眼部动作。一般情况下，人的眼睛总是睁着的，这意味着比较积极的心理态度。如果客户喜欢他眼前的东西，或者对你提供的信息感兴趣，他不仅会保持正常的眨眼状态，也就是睁着眼睛，甚至会把眼睛睁得大大的，最大限度地吸收光亮，从而把你的产品看得更清楚，或者获取更多的信息。

那么，是什么样的心理活动让人像小赵的客户那样不自觉地闭上眼睛了呢？

从生理学的角度上来说，闭眼代表着睡眠和休息，此外，闭眼还能表示防卫的意义，比如说当一个人遇到危险的时候，他就会不由自主地闭起眼睛来。由此可见，闭眼的动作暗示了一个人想要保护自己的心理。闭眼睛这种趋利避害、保护自己的动作，明确地展示了一个人复杂多变的心理活动。

还有一种情况，就是当一个人感觉受到了胁迫，或者碰到了自己不喜欢的人或物的时候，会主动闭眼。这种动作的目的是通过阻断视线，避免让自己看到不想看到的东西，所谓"眼不见心不烦"就是这个意思。

当然了，如果一个人想要表示对你的轻蔑、不喜欢、生气，甚至是听到不喜欢的声音，都会闭上眼睛。如果你看到客户有类似表现的时候，就应知道，这个人要么是心不在焉，要么是对你起了疑心，要么是在对你表达不满的情绪。

毫无疑问，客户闭上眼睛绝对不是代表他正在考虑是否购买你推荐的产品，采纳你提出来的建议，而是在以无声的方式表示自己的否定态度。

不过有的时候，客户心有不满，并不会总是闭着眼睛，他还会有其他几种表现方式，比如眨眼的时间超过一秒钟，让你看了感觉客户马上就要沉沉入睡一样，或者眯着眼睛，眯到只剩下一条缝，几乎看不到他的眼睛，或者用手、眼镜或者其他东西遮住他的眼睛，以阻止双方正常的视线交流。

不管是哪一种，表示的基本意思都是一样的，就是厌烦、怀疑、不感兴趣，甚至是藐视或蔑视，以强调自己的优越感，保留自己的态度等。这个时候，要么你以小赵为榜样，选择落荒而逃，要么就想方设法打破沉默的僵局，让对话继续下去。

首先你必须保持自然、平和的态度对待客户，毕竟不管客户态度如何，都是再正常不过的事情。这个时候，需要你表现出对客户的尊重和顺从，绝对不能强行辩解，更不能批判客户的观点。

然后你要提出必要的探询，并确认疑虑所在。如果你觉得口头上的说服已经难以见效，当客户在怀疑你的产品质量时，你不妨提供一些必要的证明资料，比如有效、权威的认证资料，以消除客户的一些疑虑。

总的来说，就是要尽量让客户重新睁开眼睛，当然，如果你确信客户已经100%失去了购买诚意，也不要再多费唇舌。你可以留下你的联系方式，告诉客户以后有机会再合作，然后礼貌地告辞，毕竟"买卖不成仁义在"，以后有的是重新来过的机会，何必非苛求一次成交呢？

2. 寻找一致性

研究表明，通过无声语言传递的信息所产生的影响力是有声话语的五倍；而且当两个不同的人进行面对面交流的时候，尤其当这两个人都是女人的时候，她们几乎会全部依赖于无声的肢体语言进行交流，而无视话语所传递的信息。

如果你是一名演讲者,在某次演讲中,你邀请某位听众上台来发表他对你演说内容的意见,而他回答说,他并不赞同你的观点,那么,他通过肢体语言所传递的信息就应该与他的话语表意相吻合,也就是说,两种语言所表达的意思完全一致。但是,假如他口头上表示赞同你的话,但是,他通过肢体语言所传递的信息却并非如此,那么,他就很可能是在撒谎。

当一个人的话语与他的肢体语言相矛盾的时候,女性听众大都会忽视他的话语意思。

当你看见一位站在演讲台后的政治家一边信心十足地向观众们说,他有多么尊重年轻人的意见,并承诺一定会虚心接受他们的建议;一边却又将自己的双臂环抱于胸前(以示防御),并且下巴微沉(批判、充满敌意的象征),那么,你还会相信他的说辞吗?假如他试图用热情且充满关切之情的口吻来打动你,并且还不时地用手敲打演讲台以吸引你的注意,那么,你是否会真地被他的言行所征服呢?西格蒙德·弗洛伊德曾经遇到过一个案例。案例中,病人告诉他,她的婚姻生活十分幸福。在谈话中,这位病人不断地将她的结婚戒指取下,然后又戴上。弗洛伊德注意到了她的这一无意识的小动作,他很清楚这意味着什么。所以,当有消息传来说她的婚姻出现问题时,弗洛伊德丝毫不感到惊讶,因为一切都在他的意料之中。

观察肢体语言群组,注意肢体语言与有声话语的一致性就好比两把金钥匙,能够帮助我们打开肢体语言的宝库,从而正确地解读出无声语言背后的真正含义。

女人要从肢体语言品读男人

男人的身体会说话,男人的外貌与形体是一幅藏宝图,要想了解男人的内心世界,就要破译男人的肢体语言,女人可按图索骥,揭开这个神秘的宝藏。与男人相处,女人如果懂得他的肢体的语言,就会觉得妙趣横生;假如女人不懂这些肢体语言就会感到莫名其妙了。当女人读懂了这些肢体语言,也就掌控了爱情的主动权。

在感情面前,女人懂得用肢体语言伪装自己,可是男人用起肢体语言来,比女人更胜一筹。许多聪明的男人都知道,追求女性,除了运用自己的语言以外,还要有意识地运用自己的肢体语言。

肢体语言之一:他有话说

肢体动作特写:他上身前倾,肩膀向下垂落,视线飘过你的头顶上。

很多人在决定吐露事情真相的关键时刻,会不由自主做出这种肢体语言。这个姿势代表他的心理处于柔顺、服从的状态,并暗自希望能获得你的谅解。不过,你无须立刻做出定论——他准备开口说的未必是你最担心的那桩事儿。或许,他只是需要你的帮助罢了。

应对秘诀:不妨用轻描淡写的语气,以“你好像有话想跟我说”之类的问题做开场白,然后就住嘴,留点时间让他考虑措词,并耐心等待他的回应。切忌像开机关枪似地问个不停,反而“抢白”了他说话的机会。

如果他想说的并非是什么对不起你的亏心事,当然不会藏在心里太久。假使他欲言又止的次数愈来愈频繁,话到嘴边又吞了回去,代表事情的真相极有可能惹得你非常不悦,此时,你最好有心理准备,否则一旦乱了阵脚,就无法冷静地思索应对之道了。

肢体语言之二:他处于不安之中

肢体动作特写:他的手置于臀部下方,坐在自己的手上。

当人们自在、无保留地表达自我感受时,双手通常会不自觉地飞来舞去,把手垫在臀部下方,坐在自个儿的手上,代表此人正竭力控制自己,以免脱口说出不该说的话。

应对秘诀:赞美他是个贴心的宝贝等等。你也可以用放松的肢体语言抚平他的不安——把你的手臂伸展到椅背后面,摆出怡然自得的模样,或者从他背后给他一个惊喜的环抱。

他未必是在隐藏什么见不得人的事,而是生怕自己说的话会搞砸整个局面或气氛,其实许多人打从孩提时代起就会有这种习惯。这也表示,他正担心自己接下来的言行会导致他人的不悦。当他感受到你的平和安详,他也会跟着放松,不安全感便会渐渐消逝。

肢体语言之三:他被惹恼了

肢体动作特写：他紧握双拳，目光游移不定，下颚紧绷。

由于愤怒、憎恶都是不易被隐藏的情绪，因此他势必会减少与你目光直接接触的机会。潜意识中，他担心你一旦直视他的眼睛，内心的焦躁不安便会被你看穿。不自觉地握紧双拳也是即将发怒的象征。最后，瞧瞧他的下颚和脸颊骨是否紧紧地绷在一起。假使他抿住双唇，脸颊两侧近下颚的肌肉不停地抽动收缩，那他内心深处真的是怒火熊熊了。

应对秘诀：除去有严重暴力倾向外，大多数男生宁可保持沉默，也不愿意与女生发生正面冲突。想知道他为何发怒，不妨直视他的双眼。倘若你与他的目光相遇之后，他只瞪了你一眼便立即转移视线，那你八成就是惹他发火的导火索。

这时，你最好直接跟他讲："看得出来你很不高兴，出问题了吗？"这表示你愿意与他一起解决麻烦。如果他是因别的事而生气，不妨让他明白，你可以充当他倾诉的对象，再慢慢安抚他。

肢体语言之四：他的压力非常大

肢体动作特写：他不停地用手指抚摸或梳理自己的头发。

玩弄头发是心理解压的象征。拨弄外套上的钮扣，把餐巾纸折来折去，也有相同含义。他也可能不断地变换坐姿，抖脚，手指头像弹钢琴般来回敲打桌面。

应对秘诀：你能帮他的便是让他分心，阻止他继续钻牛角尖。否则，压力就像滚雪球般越滚越大。切忌不断地逼问他到底发生了什么事。你可以将心不在焉的把他拉回现实，邀他到公园散步、看电影，依赖另一种活动引起他的兴趣。他一旦将烦心事从心绪中抽离出来，便极有可能将导致压力产生的原因告诉你。许多时候，他也未必透彻了解自己的烦心事因何而来呢！

肢体语言之五：他的心里没有你

肢体动作特写：他的眼睛常转向左右两侧，他把身体转开，不正对着你。

他那双四处流浪的眼睛，无精打采的坐姿，他把身体转开，不愿意正对着你，很有可能表示他已不再在乎你。他若把头往后仰，两手随意伸展到椅背后或扶手外侧也一样。再加上他对于你的问题总是简单几句"是"、"不是"就算回应,也不主动找话跟你讲,让你一个人像唱独角戏似的自说自话,证明了他的心已飞向别处。

应对秘诀:你一定要保持冷静!你不妨先住嘴,等个三四十秒,看他是否会意识到两人间的冷场而主动开口说话。倘若无效,往往表示他对你真的已到无话可说的严重地步。不过,单靠肢体语言就下判断并非百分百公允,你还应该检视情侣关系中是否存在着其他"退烧"的表征,譬如他对你有什么不满,然后再决定下一步该怎么走。

肢体语言之六:他在撒谎

肢体动作特写:他用手遮掩嘴巴,或者搔抓自己的鼻子和耳朵。

假使他没来由地忽然搔起自个儿的耳朵、鼻子,或是用手掩住嘴巴,你最好留心啦!因为撒谎的时候血液会冲涌至脸部,导致鼻子、耳朵等部位因温度微微升高而开始发痒,让人在不自觉的情况下抓了起来。说谎征兆还包括:音调突然升高或降低,不断重复使用相同的字和词,眨眼睛的次数加倍。

应对秘诀:他或许只是为了逞英雄,不让自己丢脸而说了些无关紧要的谎话。倘若他坐立不安,脸颊泛红,事情就不单纯了。此时,你千万别像审犯人似地问东问西。不妨用很坦然的态度直接表明"有话直说无妨"。

肢体语言之七:他对你感兴趣

肢体动作特写:摸脸

如果某个男人对某个女人感兴趣,那么他会不时地摸一下自己的下巴、耳朵和面颊。这是自体性行为和紧张相结合的产物,这一行为表明他在试图掩饰内心的慌乱。

当我们喜欢一个人时,唇部和脸的下半部就会变得对刺激物特别敏感。如果男人在吸烟,此时吸烟的速度就会加快,如果是在喝东西,就会不由自主地更大口地往嘴里灌。抚摸嘴唇这个动作还在向对方暗示,多么希望自己和她的亲吻尽快发生啊!

肢体语言之八:他想保护你

肢体动作特写：用手扶你

男人将手放在女人的肘或肩部，这是一种保护女人的姿势。首先，这样可以更顺利地领着女人通过拥挤的人群。其次，这让他时刻感到女人不会从自己的身边走失。再者，这也是对其他男人的一个警告：靠边站，她已经有我保护了。还有，这样让他有机会接触到女人的身体……总之，这是一个相当好的肢体语言。

肢体语言之九：希望引起你注意

肢体动作特写：笔直的站立

如果一位男人面对女人笔直地站着，并且着装得体，肩膀自然下垂，这说明男人已开始向心仪的女人展示他挺拔的伟岸身躯，这时男人希望引起女人的注意。如果他身体稍稍前倾，靠近女人的身体，并认真听女人说话，这更能表明他对女人已有了好感。

女性的感知力会更强

所谓"感知力强"，也就是指能够通过观察发现人们的话语和他们的肢体语言之间的矛盾之处。

大体而言，女性的感知力远远胜于男性，而这也就是我们常说的"女人的直觉"。女性有一种与生俱来的洞察和破译无声信号的能力，与此同时，她们往往也独具慧眼，能够发现那些通常会被男性忽略了的细节。这也是为何几乎没有哪位丈夫的谎言能够逃过妻子的法眼；反过来大多数女性却能把男人唬得团团转，而让对方不自知。

通过哈佛大学开展的一项心理研究，我们了解到了女性和男性对于肢体语言敏感度的巨大差异。研究者播放了一段被删去了声音的短片。短片里，一个男人正在和一个女人谈话。研究者要求参与者们通过观察这对夫妻的面部表情和动作，描述出他们之间发生的事情。研究结果显示，87%的女性参与者所描述的内容与实际情况相吻合，但同样的情况在男性参与者中所占的比例却只有42%。

从事诸如艺术、演员和护理等"敏感"职业的男性的感知力与女性相当；同性恋中的男性在这一方面的能力也丝毫不比女性逊色。

在那些养育了孩子的女性人群当中,"女人的直觉"这一特点表现得尤为明显。在抚养孩子的最初几年当中,妈妈们几乎完全都是靠无声的讯号来与自己的孩子进行沟通和情感交流。这也就解释了为何在谈判中,感知力强于男性的女性所发挥的作用往往会大于男性,因为她们很早就开始了这方面的培养和锻炼。

3. 结合语境来理解

对所有动作和表情的理解都应该在其发生的大环境下来完成。例如,如果在一个寒冷的冬天,你看见某个人坐在一个公交车的终点站里,双臂紧紧环抱于胸前,双腿也紧紧地夹在一起。那么,这个时候,你就应该知道,他之所以摆出这种姿势,很有可能是因为他很冷,而并不是因为他想保护自己。但是,如果是你和某人隔桌而坐,而你又试图向他阐明自己的一些观点,或是向他推销某种产品和服务,面对你的说辞,对方摆出了一个和上面那个男人一样的姿势,那么这个时候,你应该明白,对方其实是想借此告诉你,他对你的话持否定的态度,或者说他对你的推销很抗拒。

观察肢体语言群组,注意肢体语言与有声话语的一致性就好比两把金钥匙,能够帮助我们打开肢体语言的宝库,从而正确地解读出无声语言背后的真正含义。

本书中所谈到的所有肢体动作和表情都应该结合当时的情景来理解,同时,请不要忘记,你也应当综合前后动作和表情,连贯地思考问题。

英子在一家网络公司负责售后服务。这天早上她出门之前和婆婆大吵了一架,结果没有赶上公交车,迟到了十几分钟,被公司扣了二十块钱,她因此愤愤不平,直到上岗的时候还是气鼓鼓的。

很不巧,刚刚过了半个小时,就来了一位先生向英子投诉,说用了他们公司2兆的宽带,网速仍然慢得要命,开始的时候,英子试图耐心地对他解释。可对方根本就不听,看着蛮不讲理的客户,英子的火气也大了,她眉毛怒气冲冲地向上挑着，嘴角向下咧着，嘴唇也有些轻微的颤抖，再过一秒钟就有破口大骂的可能。

恰巧这时候客服主管看到了这一幕，赶忙过来"劝架"，好不容易才平息了这场干戈。客服主管把客户请进了办公室，面带微笑地问："先生，您能把您的具体问题跟我说一下吗？我一定尽力帮您解决。"

那位先生的脾气稍微小了些，说："以前我就是用你们的宽带，1.5兆的，感觉上网、下载东西，都挺快的。后来有一次我来交网费，看你们2兆的才比1.5兆每个月多交十块钱，网速还能快不少，我就换了2兆的。可换了之后，网速一点都没有快！"

客服主管很关切地说："真的啊。我想一定是有些地方出了问题。您先别着急，我马上让我们的技术人员去您那里检查一下。"

"还有你们那个客服，什么态度啊！干脆辞掉她！"还没等客服主管说完，客户又紧接着说道。

客服主管抿着嘴角，一脸的严肃，用力地点点头说："你说得很对，我对我们的员工有如此的表现十分抱歉，在此我代她向您表示郑重的歉意。另外，我一定会批评她的，并且根据公司的相关规定对她进行处罚。以后还请您多多监督我们的服务，随时向我们提出意见和建议。"客户一边点着头，一边说一定会的。然后，客服主管就陪着客户，带上一名技术人员出发了。

客户永远是站在他自己的角度思考问题的，对于他的观点和想法，如果你极力反对，绝对不会达成目的，只有对此表示认同、赞赏，才能获得客户心理上对你的认同。

在这个过程中，你的表现不应该只停留在语言上，还需要辅之以必要的面部表情。

有人曾问古希腊大演讲家德摩斯梯尼，演讲家最重要的才能是什么。他回答："表情。"又问："其次呢？""表情。""再次呢？""表情。"

演讲家嘴里说的表情就是心理学上说的表情语，它是一种通过面部表情来表达情感、传递信息的体态语言，眉开眼笑、怒目而视、愁眉苦脸、面红耳赤、泪流满面等都是比较典型的面部表情。表情语，也叫面部表情,是人类的基本沟通方式,也是情绪表达的基本方式,更是个人情感的"晴雨表"。一个人内心世界所有的复杂活动,都可以通过面部表情的变化表现出来,而且比嘴里讲的语言复杂千百倍,表达的意思也更丰富、更深刻。通过观察和了解一个人的面部表情,可以测量他的情感,甚至人生态度、人格和价值观。

面部表情可以清楚地表明一个人的情绪,而且这种表现往往是非随意的、自发的,但也是可以控制的。在人际沟通的过程中,你完全可以有意识地控制自己的面部表情,以加强沟通效果。

前面故事里的英子一副"斗鸡"式怒冲冲的表情,谁见了都会心情郁闷,更何况是面对被称为"上帝"的客户呢?相比之下,客服主管一脸关切和严肃的表情,尽管未必真心,但无疑这种对面部表情的人为控制,会让客户觉得你是真诚地把他当成"上帝",认同他的观点,接受他的意见,客户并非得理不饶人,面对你诚恳的态度,纵然心如钢铁,也会化成绕指柔。

因此,要想让思维角度和你完全相反的客户心甘情愿地听你的话,就必须设身处地了解客户的想法和需求,考虑到他的切身利益和感受,并不断肯定和强化这种需求、利益或者感受。销售员要学会放弃自我,用换位思考的方法,真诚地为客户着想,并在自己的面部表情上表现出来,表现出对客户的关注、关心和认同,这样才能真正帮助客户解决问题。毕竟最终能够为客户解决问题,才是一个销售员真正的价值所在。

美国心理学家艾伯特·梅拉比安在一系列研究的基础上得出了一个公式:信息的总效果=7%的言辞+38%的语调+55%的面部表情。由此可见,面部表情在信息传达中起着多么重要的作用。在和客户交谈的时候,如果不注意表情上的配合,很难得到客户真正的认同。

既然面部表情比言语更能明显地表达心理动态,你可以"制作"一些表情,对客户表示认同。因为在现实社会,面部表情已经不再是一个单纯的内心符号了,而是已经升级成为一种交际手段。这种出于文明礼仪需求的"表情面具",能够起到愉悦对方的作用,正如心理学家所说的,每个人都非常渴望引起他人的注意或认同,没有人喜欢总是跟自己对着干的

"杠头"。和客户对着来，绝对不是表现你的执著或者聪明的好办法.

人们常说："出门看天气，进门观脸色。"在面对客户的时候，为了使自己的面部表情真正起到传情达意的效果，必须做到情绪饱满、精神振奋、态度和蔼、感情热忱。比如说，当客户提出一个问题后，你可以轻轻皱眉，以示思索；当客户提出了一个观点的时候，你应该轻轻点头，面带微笑，表示赞同和尊重。

其次，要想用脸"说话"，就必须做到端庄中见微笑、严肃中有柔和，千万不要在客户面前板着面孔、拉长脸。否则，很难给客户一种自然、明朗的感觉，你的这种情绪自然也会影响客户的情绪和心境，甚至是对你的态度。

另外，为了配合你的表情，你应该勇敢地开口。毕竟仅有认同别人的态度是不够的，你必须让对方清清楚楚地知道你的态度。你应该勇敢地直视着对方的眼睛说："您说得很有道理"、'我理解您的心情"、"我明白您的意思"、"我认同您的观点"、"非常感谢您的建议"、"您的问题问得很好"、"我知道您这样做是为我们好"，而且永远不要陷入争论的陷阱，因为和客户争论，不管过程怎样，结果都是你输。

第六章

"微"观贵人,修炼一双聪慧的眼睛

美国钢铁大王及成功学大师卡内基经过长期研究得出结论说："专业知识在一个人成功中的作用只占15%，而其余的85%则取决于人际关系。"看似幸运之神"巧合"地降临，其实多半是努力经营人脉的结果。有良好人脉的人，总是看上去呼风唤雨、无所不能。而那些成功的企业家、职场精英，也无一不重视经营自己的人脉。当你的人脉无处不在时，你就已经迈出了走向成功的关键一步。

正如好莱坞流行的一句话：一个人能否成功，不在于你知道什么，而是在于你认识谁。历史告诉我们，要想快速成功，有贵人的提携是必不可少的。在技术、知识迅速更新的今天，仅靠个人的力量是很难获得成功的。

每个人都要学会为自己培养贵人储蓄存折，这才能强化个人的竞争力，加快自己成功的步伐，缩短自己成功的路程。

虽然贵人身上并没有贴标签，我们不能将其一眼认出，但我们可以通过自己的努力，让贵人找上自己。

怎么发现你的贵人

对于我们这些普通人而言，这是一个需要人脉关系的年代，谁都不可能成为鲁滨孙那样的孤胆英雄，不管你是商界的领军人物，还是普通的职员，都不能逃脱人脉的影响力。

很多成功的商人都深深地意识到了关系资源对其事业成功的重要性。曾任美国某大铁路公司总裁的史密斯说："铁路的95%是人，5%是铁。"比如你有一个好项目，如果没有钱，想创业当然很难，但是如果你有足够的人脉关系，就能得到他们的帮助，一样能创业成功。

人脉对于个人的重要性，怎样强调都不过分。可是，你要怎么才能发现你身边的贵人呢？

你善于编织社会关系网吗？

你不妨回顾一下自己过去在人际关系方面的得失，你了解自己编成的关系网对你是有利还是有害吗？下面的题会帮你测试一下。

请选择最适合自己情况的答案。

1.一般来说，与朋友们相处，你所坚持的原则是：

A.倾向于赞扬他们的优点

B.以诚为原则，有错我就指出来

C.我的信条是不胡乱吹捧，也不苛刻指责

2.你一般通过哪一种方式来结交一位朋友？

A.由熟人、朋友的介绍开始

B.通过各种场合的接触

C.经过时间、困难的考验而交定

3.你认为，对人来说，结交的主要目的是：

A.使自己愉快

B.希望被人喜欢

C.想让他们帮我解决问题

4.你的朋友，首先应具备哪种品质？

A.能使人快乐轻松

B.诚实可靠、值得信赖

C.对我有兴趣、关注我

5.你与朋友的友谊一般能保持多久？

A.大多是日久天长式

B.有长有短，志趣相投者通常较长久

C.弃旧交新是常有的事

6.当你进入一个陌生的环境，面对陌生人，你通常会怎样？

A.常能很快记住他们的名字与某些特点

B.想记住他们的信息，但失败居多

C.不去注意他们

7.你出门旅行时:

A.通常很容易就交到朋友

B.喜欢一个人消磨时间

C.希望结交朋友,但难以做到

计分标准:A 1分　B 3分　C 5分

测试分析:

7~16分:你是结网能手。你凡事处理得当,合情合理,并且很艺术。无论你走到哪里,笑脸和友谊总是围绕着你,你很受朋友的欢迎,他们也愿意帮助你,别人都认为你是很难得的人。

17~26分:你编织人际关系网的水平中等。你会有不少相处得不错的朋友,但出于各种原因,真正与你肝胆相照的知己却不多,似乎总有层东西隔在你们之间。是处世欠妥还是缺乏诚意,你要自己寻找原因。

27~35分:结网技能较差。虽然你内心渴望友谊,但别人认为你性格孤僻。你常常使自己独立于众人之外,颇有拒人千里的意味,你过去的绝大多数行为都在向别人发出这种暗示信号。当然这种印象可以改变,但需要你长久地顽强努力,也许要花费比建立这个印象更多的时间才能实现。切记,独木难成林。再强的人也有脆弱的时候,有需要他人帮助的时候。

在21世纪的今天,无论是保险、传媒、广告,还是金融、科技、证券等各个领域,人脉竞争力都是一个日渐重要的课题。专业知识固然重要,但人脉也同样重要。从某种意义上说,人际关系是一个人通往财富、荣誉、成功之路的门票,只有拥有了这张门票,你的专业知识才能发挥作用。

要成功、要好运,就一定要营造一个成功的人际网络,无论你从事什么职业,只要学会借助人脉的力量,你就已经在通往成功的路上走了85%的路程,在追求个人幸福的路上走了99%的路程了。

所谓职场贵人,说的是那些能够在职场上给予你帮助的人,顺时助你锦上添花,逆时帮你雪中送炭。所谓养"贵"千日,用在一时,职场贵人正是你平日里建立养护的人脉关系在关键时刻的验证。

从管理、领导的角度来看，建立人脉、发掘贵人其实还有另外一层意义。在《第三意见》(The Third Opinion)一书里，作者赛尼可·乔妮(Sajni-cole A.Joni)就指出，现代的企业主管要能懂得找寻适当的专家、顾问或导师，和他们建立情谊，并善用这些人的智慧和协助，"领导需要资源……经过充分发展而完整的人际关系，无疑是威力强大的领导资源"，乔妮分析。

但要拥有贵人，其实不需要被动等待，可以主动去寻找、去创造、去经营。

知名企业顾问理查德·柯克(Richard Koch)在他的畅销书《80/20法则》(The 80/20 Principle)中建议读者，可以试着拟一份"盟友名单"。"这些人是你需要重视的人，是你最重要的人际关系。"柯克指出，拟出盟友名单后，要设法和他们建立5种属性的关系："喜欢对方"、"互相尊重"、"分享经验"、"有福同享"、"互相信赖"。当这些关系建立了，这些盟友就成为你的潜在贵人，"他们能适时地提供你所需的帮助，与你一起谋求共同利益。"

所以，一个人在职场中是否能有贵人相助，其实最大的决定因素就是自己的努力。"懂得用正确方式去拓展人际关系的人，绝对可以找到贵人。"经纬智库公司(MGR)总经理许书扬强调。

要获得贵人的相助和忠告，乱拉关系、逢迎拍马只会得到反效果，必须要用心去培养、去经营。如果可以努力建立个人品牌，展现良好的工作精神和专业形象，并且以大方无私、正面乐观的态度去建立、维系自己的职场人际关系，必然能够提升自己的"贵人缘"，贵人自然就会出现在你身边。

美国卡内基梅隆大学曾经对列入《美国名人录》的成功人士做过一项问卷调查，请他们归纳成功的因素是什么，结果发现有高达85%的受访者将"良好的人际关系"列为第一位。由此可见，独来独往、单打独斗只会让自己举步维艰，能够获得他人的协助才是成功的重要关键。所以请记住，懂得建立正面的人际关系，并借助贵人的经验、力量，绝对可以让自己的视野、成就更上一层楼！

人要善于积累成大事的资本,而贵人就是最大的资本。有心的人平时就注意努力创造、开发潜在的贵人,当自己遇到困难时,就能得到帮助,而不致孤立无援。

"在某个偶然的机缘中,某某人遇见了一位成功人士,而获得他的赏识或帮助"这是一般人印象里贵人的出现方式:可遇而不可求。

但是,贵人的出现,难道一定都是"美丽的意外"吗?

其实,贵人的出现并不只是靠巧合或运气,而是可以自己发现、自己掌握的。找不到贵人,多数时候是自己的问题,懂得去培育人脉、拓展人际关系,绝对可以找到能帮助自己的贵人。

1. 眼光放远,贵人不只高官显要

要发现贵人、找到贵人,第一步当然要先了解何谓贵人。就最简单、最直接的定义而言,贵人可以说是有能力给予你帮助的人。但是贵人的帮助其实有不同面向:

可以提供金钱等世纪资源的,属于"资源性"的贵人;可以介绍人脉关系、分享商业情报的,属于"中介型"的贵人;有些人是"顾问型"的贵人,可以提供专业知识或资讯的咨询、建议;有些人是"教练型"的贵人,可以给你指导、训练,提供建议;有些人则是"导师型"的贵人,在必要时激发你的想法、为你指引方向。

职场工作者对于贵人的界定,最好从广义的角度来看,贵人并不一定就是高官显要,你的朋友、同僚、前辈等等,都有可能给你不同的帮助,太局限在少数人身上,只认定这些人才是贵人,眼光就太狭隘了。

要发现或找到贵人,首先在观念上不要太现实、太计较,觉得当下有利用价值才去建立关系。尤其是年轻人或职场资历较浅的人,不需要给自己太大的压力,一定要认识什么资源丰富的"高层",倒是可以抱着"广结善缘"的想法,先和周遭的人建立良好的关系。

多敲老板的门,从非正式组织拓展人脉

就职场工作者而言,最明显而直接的贵人,不外乎是自己的上司或老板。在职业生涯里,跟对一个老板很重要。一般人其实可以从老板身上看到许多职场成功的关键,因为这些人能成为你的老板,就是因为能力受到肯定、在某方面有过人之处,所以从老板身上往往可以看到、学到很多事情。

多数的工作者通常都是自己设法解决问题,甚少去"敲老板的门",但老板不是那么难以接触的,多了解老板、多去问问题,或许师徒关系就会自然而然建立起来。

不过,一般人在公司里能接触的人还是有限,如果公司规模不大就更受限,这是大部分上班族都会遇到的问题。所以想要发觉贵人,还需要具备开放的心态,去拓展自己的人脉。举例来说,校友会就是一个不错的管道。在进行中高阶主管的推荐、媒合时,你会发现交大毕业的人通常喜欢录取交大的,北大的校友则较常录取北大的,因为有同校的情谊存在,彼此的感觉会亲切得多,关系也一下子就拉近了。如果能拥有这类关系,将来在情报、资源上就会比较愿意协助对方,优先和对方分享,这对想要在职场或商场上获得帮助的人是很重要的。

职场贵人也是可以"培养"的

Case1:在困境中助人助己

Lucy来到客户部是在公司大变动时期。前任经理由于加薪预期没有实现而跳槽,几个资深员工都跟了过去,客户部瞬时有种大厦将倾的预兆。

Lucy想得很清楚,自己作为新鲜血液不可能跟着一起跳槽,而且自古乱世出英雄,这样的混乱倒也可能成就了初人公司的她。于是她心态平和地整理接手的烂摊子,梳理头绪,工作慢慢上了轨道。由于是突发状况,公司一时也找不到合适的经理人选,于是香港总部调派了经理Mike暂时分身两地。

Mike对于这边的业务不熟,纵有诸多的经验人脉,却远水救不了近火,曲线救国总是事倍功半。于是,能衔接前后工作关系又对深谙上海本地业务的Lucy就成了他的左右手。在Mike分身无术的时候，Lucy总能在他的摇控指挥下圆满完成任务，而对于这个总能为自己分忧解愁的下属，Mike心存感激，也就有意无意地加大她的工作量，培养她的管理才能。半年后，Lucy对客户部的工作已能独挡一面，而Mike就适时提出要全身而退，把工作重心放回香港，并极力举荐Lucy为继任经理。就这样，Lucy在职场贵人的帮助下，仅用半年时间就完成了在新公司由主任到经理的角色转变。

贵人"贵"在哪里？

他们的职业根基不在本地，所以临危受命，或是救公司于水火或是赚取海外经验，而他们本人不过是过路神仙，由此你就有了被点化的可能。这类贵人一般出现在分布全国或全球的大集团里，适于在混乱期加入公司的新员工。

培养攻略：

给他们本地业务资源上的支持，分享你的本地人脉关系。

为他们推荐有本地特色的消费场所和娱乐活动。

Case2：在合作中展现自己

Coco在公关公司任职，负责一个手表品牌的市场活动。在与客户长久的合作中，她并不是简单地完成任务，而总是费尽心力替客户想新鲜的点子，节省开支，扩大效果，不到最后一刻，就不到落锤定案之时。有人说这是追求完美的Coco的天性使然，但在客户Lucy看来，脑子里永远冒出奇思妙想的她是对这件事真的有兴趣，才会源源不断地让人惊喜，而不是纯粹为了工作。于是，每次活动她都会特别留意Coco的表现，看她为一个好点子兴奋忙碌，也看到了她多日劳累的黑眼圈。

有时，Lucy会故意犯个小错误，看Coco会不会发现并指出来，这不只是对她能力的考验，更是对她人品的验证。几轮下来，Coco总没让她失望。三年过去了，Lucy眼见着Coco从一个公关执行升任为公关经理，她伴随着Lucy公司的成长而成长，她也对这家公司的品牌推广策略了然于胸，更是深谙其品牌精髓。

今年，Lucy向总部申请成立专门的市场部，力邀Coco做作市场部经理。简历已经无需填了，面试也不必做了，双方都彼此了解，像两个相识多年的朋友。多年打拼下来，Coco也正想寻觅一个甲方公司向纵深方向发展。是平日的认真的努力成全了她，她没想到原来自己的职场贵人一直都在她身边。

贵人"贵"在哪里？

他们本是你公司的客户，在服务中，你的专业和敬业给他们留下了深刻的印象。他们在一次次的合作中亲眼看到你的表现，这样的考察远比通过一轮轮的面试要来的准确。这类贵人一般出现在需要与外部合作的市场部门，适于想转行跳槽的员工。

培养攻略：

每次合作都当作第一次一样认真，事事从客户的角度出发考虑问题与客户交朋友，如果中意对方公司的话，适时流露出跳槽意向。

Case3：在忙碌中保持联络

小A进这家公司时是孙总面试的，不知为什么，小A看她的第一眼就觉得投缘，仿佛认识很久的朋友，亲切无比，表现自然也很出色。而孙总也有同感，她从会客厅出来时，破例把面试者送到电梯口。小A入职后，孙总给了她很多照顾，为她争取了不少培训机会，小A别的帮不上，倒是也会为她买买早餐或者下午茶点。慢慢的，两个人成了好朋友。可是两年后，孙总就被猎头公司挖走了，两人约定，不管工作多忙碌，都要保持联络。孙总走后，小A所在的市场部进入了一年里的旺季，工作更加忙碌了，加班加点是常事，出差更是十天半月一次。可是，不管多忙，她的心里总是惦记着这个旧朋友，加班累了休息时打个电话，飞机起飞前发条短信，从国外回来带点当地特产。细算下来，她们见面的时间很少，可是在快节奏的大上海，人人都忙，能在疲惫的时候收到一条关怀短信，谁会不感动呢？

孙总大概就是在这样的一次次感动中越来越了解小A，当她的新公司要招市场经理时，第一个想到了忙碌中依然保持联络的故友。孙总为她详细讲述了公司背景和职位要求，并帮她分析跳槽后的职业发展。小A决定试试，孙总就把简历转给了市场总监，并以自己对其的了解告诉她在面试时的注意事项。在孙总的牵线搭桥下，小A凭实力竞聘成功，两个好朋友又在一起了！虽然有点私心，却也不失公允。职场贵人有时打的就是这种擦边球。

贵人"贵"在哪里？

他们本是你的同事，因为部门不同，你们没有根本性的利益冲突，更容易相处融洽。在公司的集体活动中，他们看得到你的表现，在例行的员工考察中，他们从你的老板那里了解到你的能力，而在日常相处中，他们也清楚你的为人。这类贵人一般出现在人事部门，适合想谋求更好发展的员工。

培养攻略：

对于以前相处得好的同事，离职后要保持联系，也许就能带给你一个机会。

对于工作场合结识的同行，也要保持联系，过年过节的短信并不麻烦，却可以让你在开口请别人推荐或介绍时，不至于太突兀。

2. 理清规划，从专业领域建立人际网络

很多人找不到有用的人脉或贵人，其实是因为自己根本不知道未来的职涯想要做什么。在找寻贵人或发掘有用的人脉之前，最好可以先想清楚自己未来的方向是什么，这样才不会白费功夫。否则前面如果没想好，后面可能都会是错的。

举例来说，很多人想去大城市发展，如果可以先想清楚要过去做什么，具体从事哪个行业，就可以先去认识熟悉那里的人，这样过去时可能就已经有机会在等你。反之，如果没想清楚或临时起意就过去了，碰壁的可能性就大得多。

其实，很多人从念书的时候就不太有职业规划的概念，也没有人教导他们该怎么分析规划。如果出现这方面的问题，很多人也不太敢问，或是只敢问自己的朋友，造成职涯上遇到瓶颈。如果对某个领域有兴趣或

有问题,可以去询问一些该领域的成功人士或是专家,请他们提供建议,作为建立人际关系的开始,一旦清楚自己对职业生涯未来的期望是什么、阶段的目标是什么,那你就会比较知道哪些人脉是自己需要特别注意、特别经营的。

很多人经常自怨自艾:"为什么我碰不到贵人?" 其实贵人可能就在你的身边。如果自己能够做好准备,要找到贵人相助绝对没问题!

小测试:找出你身边的贵人

贵人的种类有许多,并不是所有贵人都会甩给你几千万让你去创事业,更多的贵人还是很低调的,他们会在悄无声息中帮助到你,你最好不要傻到连这点都看不出来,快来测测你身边那些可爱的贵人吧。

1、在餐厅的桌子上,有橙色、红色的蜡烛,这个房间也会变成蜡烛的颜色,你更喜欢哪一个?

红色-2 橙色-3

2、你认为占卜大师的眼镜片最好应该是什么颜色的?

黑色镜片-5 随情绪变幻颜色的七彩镜片-4

3、下面的情境哪一个更温馨?

大雨天,家人为你送雨具-6 全家人都等你回家一起吃饭-5

4、一个新品种的辣椒,他的颜色十分特别,你想它会是什么样的颜色呢?

靛蓝色-8 黑色-7

5、你家屋顶突然出现了一艘幽浮,它的形状是:

好似一顶帽子-7 像船一样飘来飘去的-9

6、甜点师要交给你他的独门菠萝蜜秘笈,你觉得他是出于什么意图?

你确实有做甜点师的天分-9 想借此拉近关系-8

7、小魔女要去参加魔法研讨、交流会,意然忘记了很重要的一件事就出发了

忘记带名片-A 忘记换上能暗中吸收别人魔法的内衣-B

8、在拿麦克时,你习惯将麦克的尾巴朝前还是朝下?

朝前-C　朝下-A

9、可爱的少女，在花团锦簇的花园摘了一朵花，"啊!"是女孩的惊叫，到底发生了什么事情?

某差劲男正蹲在地上偷看她-B　刚摘下怎么就谢啦-C

测试结果：

A：稳健坚持的努力家

你人生的贵人平常较不醒目，但是他为人稳健积极努力，偶尔会成就大事令人刮目相看。若你身边有这样的人，就会促使你奋发向上。因为你有情绪化及无法集中精神的倾向，所以即使开始一项计划，半途而废的例子也不少，这样的你如果和埋头苦干的人多接触，将会容易受到他的正面影响。

B：重视冷静睿智的人

你的贵人是冷静、谨慎思考后才行动的人；而你热情的另一面就是偶尔会专断独行，没好好观察就轻易做出结论。正因为如此，你应该要选择冷静的人做你工作或者生活上的伙伴，来制止你容易冲动的行为。在你面临人生重要的选择时就不会失败，所以尊重对方是很重要的!

C：喜欢尝新变花样的人

能担任你的贵人是喜欢尝新、乐于了解新事物的人。他会教你认识新世界，因为你有保守一面，所以不论在玩乐上也罢、学习方式上也好，似乎都不擅长接受新事物，最后恐怕会因此抹杀掉自己的可能性哦。但是只要多和这种好奇心旺盛的人来往，应该就能改变你的人生，找到另一个自己。

贵人的身上是不会贴标签的，这就需要你有识别贵人的眼光，去寻找我们的职场贵人。在职场上，那些你经常接触的成功人士，那些对你点拨的人，那些宽容甚至挑剔的客户，那些把挑战性很强的任务交给你的人，那些逼着你去干一些脏活累活的人，都会是你的贵人。

和这些人交往，会是你学习的机会，他们在不知不觉中就告诉了你应该怎么做，怎么做是对的，怎么做是错的，这远比自己摸索、自己领悟要效率高。一旦你有了理智的心态去思考这件事情，去判断你身边的贵人的时候,你就有了很高的职业成熟度了。

但是,在抓身边的贵人的时候,你也不要让自己显得太圆滑世故,这常常是有一定风险的。常常拉关系、套近乎,会让这些贵人厌恶。最好的方法就是顺其自然,珍惜自己的一切机会,忘掉自己的喜好。这样,你认识的人越多,你的机会就越多,你做出的业绩也会越多。这样,越来越多的贵人也就越认可你,你很快就会得到提拔。

徐博在一个著名的外企上班,但是他的英文很不好,很多业务单词都是死记硬背的。一次,他一个人在办公室加班,这时进来了一个中年人,中年人一进来就坐下来使用电脑工作。刚巧一个客户打来电话,正好是徐博负责的产品,因为这一块徐博特别熟悉,所以说得很出色。

徐博打完电话的时候,他对徐博说:"你是徐博啊?英语挺好的嘛。"然后,中年人跟徐博聊了很多,聊到英语在职场上的重要性,说到自己刚开始进这家企业的时候,正是因为出色的英语给自己带来了好运,并鼓励徐博努力学英语,希望英语给徐博带来意想不到的收获。这个中年人的鼓励让徐博信心大增,他更加努力地学英语了。从此,他的英文越来越好。几个月之后,徐博才知道这个中年人就是这个外企中国区的董事长。

之后,这位懂事长经常问起徐博,总是说:"那个英语很棒的小伙子,工作出色吗?"这让徐博的老板和同事们都很惊讶。后来,在懂事长的照顾下,他晋升得也特别快。

徐博能得到职场贵人的赏识,是一件很幸运的事情。当然,我们遇到的贵人不一定都会是很有权位的人,也不一定会给我们的晋升或薪水带来巨大收益。这些太功利的想法是幼稚的。

事实上,在职场上,无处没有贵人。只要你用心观察,即使你没有遇上能让你发生重大命运转折的大贵人,你也会扫除一部分障碍,少走很多的弯路。我们可以测一下自己在职场遇到贵人的机遇:

当你出门的时候,你是怎么带着手机出门的?

A.胡乱地扔在自己带的包里

B.放在背包的侧兜里

C.用手握着手机,一刻不放下

D.放在自己的衣兜里

E.挂在脖子上

测试分析：

A.你很相信缘分，有缘的时候，大家就聚在一起，没有缘分的时候，也不会刻意地去联系别人。遇到贵人的机遇为50%。

B.你待人处事的时候比较圆滑，不会轻易地去得罪人，不喜欢跟人有大的冲突，但是也不会让人感到亲密到郁闷。遇到贵人的机遇为90%。

C. 你认为人与人之间应该有一定的距离，只有长时间地去观察别人，才会对人产生信任感。如果你觉得对方可以相信，你就会飞蛾扑火。遇到贵人的机遇为40%。

D.你喜欢掌控全局，与人交往有一定的选择性，希望自己在这个团体中做领导。你遇到贵人的机遇为30%。

E.你很重视人际交往，与你结交的人很多，但是，你不会轻易地对别人敞开心扉，知心的却没有几个。你遇到贵人的机遇为80%。

3. 小人物的表情有大问题

首先要有一种遇见贵人的渴望，若你是一个愿意去相信别人的人，贵人有可能真的会从天上掉下来。

其次，还要有学习的热忱，先不要判断贵人会对你有什么帮助，而要问自己愿不愿意虚心学习贵人身上所具备的众多才能。虚心的人更容易得到贵人青睐，是因为这些人把自己想象成什么都不懂，承认且懂得欣赏他人的优点，以谦卑的心向人请教，贵人自然会靠近。

再次，还要具有创新能力，勇于接受挑战的人更会吸引贵人的注意，换言之："如果自己都不想超越自己，怎么能期待别人来帮助你？"

菲律宾有家著名的冰点制作商——利宾亚公司，可是菲律宾的一家大饭店却一直未向它订购冰点。3年来，该公司老板利宾亚每周二必去拜访这家大饭店采购部经理容达宏一次，经常参加容达宏所举行的会议，甚至以客人的身份住进大饭店。不论他采取正面攻势还是旁敲侧击,这家大饭店仍是丝毫不为所动,仍然没有订购他的冰点。

这反倒激起了利宾亚的斗志,他下定决心,一定要让这家饭店订购自己的冰点。他改变策略,开始调查这家饭店采购部经理容达宏感兴趣的事情。不久,他发现这位经理是当地饭店协会的会员,由于热心协会的事,还担任了国家饭店协会的会长。了解到这个情况以后,凡协会召开的会议,不管在何地举行,利宾亚都乘飞机赶去。

当利宾亚再去拜访容达宏经理时,就以协会为话题,果然引起了他的兴趣,容达宏和利宾亚谈了半个多小时关于协会的事情,整个谈话过程,利宾亚丝毫没有提到冰点的事情。

几天后,饭店的采购部门来了一个电话,让利宾亚立刻把冰点样品和价格表送去。就这样,利宾亚做成了一笔大买卖。

利宾亚通过深入了解,掌握了"贵人"的兴趣所在,单凭与饭店经理闲聊对方有兴致的事,形势就大为改观。这就是投其所好的绝妙之处,让自己被对方认同并喜爱后更容易达到目的。

不忽略陌生人和位卑者

汤姆最近生意不顺,投资的股票又几乎全部亏本,正处于走投无路的关头,这时候他收到一封奇怪的信。这是一位总裁写的信,他说自己愿意把公司30%的股权转让给汤姆,并聘汤姆为公司和其他两家分公司的终身法人代理。

汤姆不敢相信天下真有免费的午餐,他依照信上提供的地址找过去探个究竟。总裁见到他就问:"你还记得我吗?"汤姆很茫然。总裁就说:"这就更难得了。"

经这位总裁提醒,汤姆隐约记得:10年前,汤姆去移民局排队办工卡。他听见移民局的工作人员对自己前面的人说:"你的申请费不够,还差50美元。"这人好像是真的就缺这50美元了,而且他要是今天拿不到工卡,就找不到雇主了。汤姆看那人挺为难的,就拿出50美元为那人交了。想不到10年之后,那人这么发达。

总裁告诉他，自己这么闯荡了10年，经历了很多的磨难，但自己一直保持积极乐观的生活态度，正是汤姆让他相信，世界是充满爱心的，前途是光明的。他之所以迟迟没有还汤姆那50美元，是因为，他觉得这不是50美元所能表达的，现在才是报恩的最佳机会。就这样，汤姆靠50美元的投资，获得了丰厚的回报。

张总在任时，逢年过节，家里就来客不断，门庭若市。对此，张总感到满足，说明自己还是受大家爱戴的领导。

张总退休后，家里却一下子安静了很多，即使是春节这样隆重的节日，来看望自己的人也很少，可谓门可罗雀。说实话，张总在乎的不是那些人送来的礼物，而是大家的心意。

张总正在感叹"人走茶凉"的时候，以前的下属小李却跟往年一样，带着礼物和妻儿来给他拜年。小李的来访令张总感动不已——总有些人比较有人情味。

两年后，公司聘张总为顾问，张总手中多少又有些权力，以前那些人又登门而来，张总却只重用了小李。

苏格兰有位叫弗莱明的贫苦农夫，他一向乐于助人。有一天，他从沼泽地里救出一个小男孩。本来没什么的，这种好事他做多了，可男孩的家长来道谢时，非要送给他很多钱以致谢意。弗莱明坚持不收，申明自己救人是上帝的旨意，不能收钱。那家长无法，看弗莱明的儿子进来，就说："你不愿意收我们的钱我就不再勉强了，可是你救了我的儿子，我也要为你的儿子做点儿事，以表达感激之情。我会为他资助一切学费，让他受到良好的教育。因为我相信，你这么善良，你的儿子将来也一定很出色。"看那位家长这么坚持而有诚意，弗莱明就不再坚持。后来，那位家长真的供弗莱明的儿子到医学院毕业后能自立。再后来，世界上出现两个蜚声世界的杰出人才：弗莱明的儿子就是发明青霉素的著名细菌学家亚历山大·弗莱明教授，弗莱明所救的那个孩子就是英国赫赫有名的首相温斯顿·丘吉尔。

通常，小人物的故事才是最真实的，人世间的故事多是由小人物们组成的。类似的故事之所以能流传下来，就是因为，总有些温情的东西温暖着我们心里的某一个角落,感动我们的心灵。

　　佛说一切皆有因缘,种因得果。汤姆善待陌生人,最后得到了丰厚的回报;小李依旧关爱失势的人,最后也得到别人的关照;老弗莱明善举在先,促成了两个年轻人日后的辉煌。所以,请不要忽视陌生人和位卑者,也许今天你在一块贫瘠的土地上插上一条柳枝,明年就能收获一片荫凉。生命中的任何人都可能是你的贵人。世事变化无常,多为别人提供无私的服务和帮助,总能获得回报的。即使不是为了得到物质上的回报,做人也应该与人为善,起码可以得到心灵上的满足和精神上的宽慰,古人教导我们"勿以善小而不为"和今天所提倡的助人为乐,讲的就是这个道理。

其实贵人离你很近

　　现在的你,也许只是一个默默无闻的小角色,与成功人士之间相隔着"十万八千里"的距离。你想认识"贵人",可人家可能出则宝马、奔驰,入则是酒店、野墅,连打个照面都很难。

　　不过,对善于经营人脉的人来讲,这个距离并非遥不可及。而当机会一旦落到他们的面前,他们就会牢牢抓住,用自己的真诚和付出,让他们的人脉茁壮成长。

　　说到"贵人离你到底有多远",可以参考国外研究者的一个案例。

　　几年以前,一家德国报纸协助研究人员进行了一个试验:帮法兰克福的一位土耳其烤肉店老板,找到他最喜欢的影星马龙·白兰度。

　　几个月后,报社的员工不仅找到了马龙·白兰度,而且他们发现,马龙·白兰度与烤肉店老板两个人之间,只经过不超过六个人的私交,就可以联系在一起了!

　　原来,烤肉店老板是伊拉克移民,有个朋友住在加州,刚好这个朋友的同事,是电影《这个男人有点色》的制作人的女儿的亲密女友的男朋友,而马龙·白兰度主演了这部片子。

　　看到这里,你也许会惊呼——哇!这个世界真的这么小吗?要知道我们生存的这个世界真的很大,仅地球陆地面积,就将近1.5亿平方千米。而地球上的人口，已经超过了65亿！这么大的世界，这么多的人口，一个人要联系到另外一个素不相识的人，那简直是大海捞针。

"寻找马龙·白兰度"的案例，用实践证明了一个几乎不可思议的理论：这个星球上的所有人，从某种意义上来说，都可以通过个人的关系网联系起来，任意两人之间的最长距离都不超过6个人！

这个理论叫做六度分离理论(SixDegreesofSeparation)，也叫"小世界理论"，是1967年美国社会心理学家米尔格伦(StanleyMilgram)提出的。

理论的核心内容就是："你和任何一个陌生人之间所间隔的人不会超过6个，也就是说，最多通过6个人你就能够认识任何一个陌生人。"根据这个理论，你和世界上的任何一个人之间只隔着6个人，不管对方在哪个国家，属于哪类人种，是哪种肤色。

微软公司的研究人员们，为证实这种理论，专门开展了实验，他们随意挑选了2006年的某月，记录下当月所有通过微软网络发送短信的用户地址，分析了300多亿条地址信息，最终统计得出：多达78%的用户，仅通过发送平均6.6条短信，或者说通过6.6步，就可以和一个陌生人建立联系。

据说，有关这个理论的证明试验仍然在继续，很多机构也试图通过实验否定这个理论。不管最终"六度理论"能否成立，它至少说明一个道理：

原本很大的世界其实就是一个"小世界"，地球上的芸芸众生虽然很多，但通过努力搭建"关系网"，他们中每个人，其实都有可能成为我们的朋友，不管他呆在镁光灯照耀的舞台上，还是呆在地球的某个角落里。只要你愿意沟通，你就有可能和他成为朋友，甚至成为知己。

一句话，其实你和贵人之间相隔并不远！只要我们有自信，有恒心，加强联系和沟通，我们就可以交到来自各行各业的朋友，来自世界各地的朋友。

不要对结识成功人士存有畏惧心理，认为自己高攀不上。比如，一般"大人物"都有他们的律师、医生、牙医、会计师、亲戚、喜爱的餐厅及常去的地方，也有经纪人、宣传、公关人员及教练。先去认识这些人，然后请他为你安排一次与名人见面，或替你打第一次电话。

一位来自一个很偏僻的地方的青年人，一次在学校里听到一位专家的讲座后，觉得自己找到了成功的方向，非常想和那位专家结识。

他辗转托朋友打听，得知了那位专家的地址，于是，他趁着假期专门去拜访那位专家，却苦于无法合情合理地接近他。

也许是运气吧，朋友的朋友恰好与专家住在一个小区，他告诉年轻人，专家常常在小区附近的一家商店买东西。于是，年轻人天天在那家商店等侯。有一天，他惊喜地看见，老专家也在采购，于是走上前帮老专家拿东西。趁着这个机会，他向老教授表达了自己的想法，没想到老教授居然答应了他的请求。

三个月后，他成为老教授唯一的贴身助手。后来，老教授把他介绍给了许多行业内的顶尖人物，于是顺理成章的，他也迅速拥有了自己的人脉。

如果你很年轻，正在做第一份工作，你可能面临不少问题，比如人际圈子有点窄小。但没关系，记住，做人脉是一门终生的学问，需要不停地学，不停地用。永远都要学习，永远都会收获。

其实，"六度理论"所提供的，不过是一个科学统计上的平均数。谁也不清楚，我们到底需要几位朋友的中间介绍，比如是四位、五位，还是七位、八位、才能碰上改变我们命运的"大人物"？但"六度理论"告诉我们，只要不懈地去做，不懈地去寻找，把经营人脉当成一件使命，贵人与你的距离，其实比你想象中要近得多！

当然，"六度理论"不是鼓励你挖空心思去认识"名人"、"有钱人"。"名人"、"有钱人"未必对你的事业发展起作用，而改变你命运的人，很可能是位不起眼的"小人物"。也就是说，每个人的人脉，都是独一无二的。就算有一天，你幸运地拾到了比尔·盖茨或是李嘉诚的《通讯录》，也绝不会对你有什么用处。因为比尔·盖茨的贵人或是李嘉诚的贵人，不等于也是你的贵人。

你有你自己特有的贵人，也许他远在天边，也许他近在眼前。如果你希望他早日出现，最重要的，你要用科学有效的方法经营人脉，并且锲而不舍地做下去,把经营人脉当做"一辈子的事"来做。总有一天,他会悄然出现在你的面前!

你与贵人擦肩而过了吗

我们在日常职涯中都知道,讲到理人,我们就会谈到职场的人际关系。一个人际关系很好的人,铁定在职涯中处处得到大家的帮忙,经常有人在难题出现时协助解决事情。这些帮助我们的人皆被称为贵人,因为有贵人,我们的职涯会变得更美更精彩。在职场生涯里的贵人,也就是"职场贵人"。

现在,让我们来解读"职场贵人"的理念。首先,我们必须弄清楚一件事,在今天的职场生涯里,已不像从前,从前是以个人能力为关键,因此造就了很多职场英雄。今天的职场生涯,和团队有密切关系。今天的成就并不是个人,而是团队领导。当我们了解到今天的职涯不能当独行侠而是要群体生活,我们就会明白把人搞定方为关键。想要把人搞定,我们就一定要掌握人际关系的秘诀,而职场人际关系的秘诀就是:职场贵人。

我们应该知道,自己不可能守株待兔,啥事都没做,只等待贵人的出现。在我们的职涯里,自己的努力非常重要,在努力的过程中有贵人出现,我们的努力和付出会更快及更容易见效。

1. 你也可以成为他人的"职场贵人"

看看我们今天的成就,问一问自己,谁是我们的"职场贵人"?我们的贵人其实就在我们四周,他们就像我们的小天使,在我们身旁守候着我们,希望我们的努力及付出变得更有价值。他们从来没放弃过你,默默地在幕后支持着你。他们就是我们背后隐形的翅膀,一直支撑着我们,好让我们能飞得更高和更远。

今天,我们不仅知道及感谢我们的贵人,我们还要经常问自己,在职场里,我们和群体的互动中,自己是否努力成为对方的贵人,还是我们不经意地成为了职场小人,开始扯对方的后腿?

以下是十种职场贵人,供你参考,好让你也可以成为他人的"职场贵人"。

1)愿意无条件挺你的人

如果有人愿意挺你,他肯定是你的贵人。当他愿意无条件地挺你,只因为你是你,他相信"你"这个人,他接受你。一个愿意接受我们的人,他肯定是我们的贵人。当他知道有小人在你背后中伤你说你的不是,他会挺你,帮你说好话来澄清!那你愿意无条件地挺你身旁的人吗?

2)愿意唠叨你的人

因为他关心你,所以他才会唠叨!因为他在意你,所以他才会唠叨!他的唠叨是提醒,在事情发生前,他希望你可以少走冤枉路。而你愿意成为那个在乎及唠叨你身旁伙伴的贵人吗?唠叨其实是需要技巧的,唠叨不应该让对方感觉到你很烦,想要离开你。唠叨要经常和激励配合,我们通常会在唠叨对方后,立即激励他,说我们"知道你肯定会改、肯定可以做得更好、肯定不会让心爱你的人伤心。"

3)愿意和你分担分享的人

愿意陪你一起度过风雨的伙伴,是你的贵人。很多人会在有难时离开你,但是当你有成就时,他们就想要和你一起领功。没分担,只要分享。这哪里可能?可以陪同你分担一切的苦,分享一切的乐,这是贵人。愿意陪同他人经过这过程的人,也是贵人。你呢?

4)教导及提拔你的人

他看到你的好,同时也了解到你的不足之处,他能协助你,提拔你,他不嫌弃你,不是你的贵人,是什么?朋友们,如果你也想当你伙伴的贵人,那你得提升自己的能力,成为他人的教练,好好地教导及提拔他人。

5)愿意欣赏你的长处的人

一个愿意发现你的长处、欣赏你的长处、接纳你的长处的人,肯定是你的贵人。有些上司虽然发现你的长处,但是他未必可以喜欢及欣赏它,更别说接受它!这关键在于他们往往会担心你会对他造成威胁,特别是当你的长处是他缺乏的时候。相反的,你是否也能欣赏你伙伴的优点及长处呢?

6)愿成为你的榜样的人

贵人言行一致,讲到就肯定做得到,他们往往不喜欢夸大,常会默默地做,做比讲来得多。这种贵人具有实力和谦虚的性格。一旦他们开始自大,他们就完全从贵人变成小人。

7)愿意遵守承诺的人

贵人都只同意自己愿意遵守的承诺,因为他们能够很清楚地知道自己的能力所在,自己能不能全力达到承诺的内容。如果你想成为伙伴的贵人,你一定要跟自己的能力定下协议,一旦承诺了,就一定要全力以赴将事情办好。你不可以临时改变或退出,因为他们相信你的承诺才愿意和你配合,所以我们不可以出尔反尔,只能遵守下去。我并不是说贵人不能改变自己的立场,他们当然可以,只不过每一个决定都必须经过深思熟虑后才能采取行动。

8)愿意不放弃而相信你的人

如果你问自己是不是其他伙伴的贵人,那你是否有好好栽培对方和相信对方?贵人是不会放弃他的组员的,贵人会相信对方。贵人会视对方无罪,一直到对方被定罪为止,这代表贵人会完全相信他的伙伴,全力支持他。

9)愿意生你气的人

如果他还愿意生你的气,你就得感激他。这是因为他还很在乎你。试想想,如果你完全不再爱对方,你会理会他吗?爱的相反并不是恨,而是冷漠。如果我们恨对方,这行为告诉我们其实自己还是很爱他,如果你对对方所做的一切,一点感觉也没有,这叫做冷漠,这才是完全不爱了。看看自己还会生气吗?

10)愿意为你做事的人

如果他愿意为你做事,只因为你是你,那你肯定很幸福,因为他处处为你着想,他是你的贵人。朋友,如果你也想成为别人的贵人,哪你愿意为你的伙伴们做些什么呢?

2. 火眼金睛,看出哪个是假贵人

有句西方谚语说得好,"你认识的人决定你的未来",意思就是说,现在你见到的人是谁,你认识的人是谁,将会决定你的未来。而中国人说,"物以类聚,人以群分。"在现实生活的人脉中,你和一位赌徒在一起,就会认识更多的赌徒;和一位白领在一起,就会认识更多的白领;和一位商界精英在一起,就会认识更多的商界精英——人脉的神奇就在于此。

所以,作为现代职业人,必须以更开放的心态融进各种人际圈子,抱着"为他人服务"的态度,积极传播自己的价值、也就是自己"对别人有用"的地方。同时,我们要努力在工作中做出成绩,在职场圈子里形成良好的口碑,这样才能成为一个受别人关注的人、大家乐意结识的人。

不能再像过去那样漫无目的地到处参加社交,像患上"社交强迫症"一样,但凡有活动一定去参加,到了会场又呆坐在角落无所适从,虽然和座位旁边的人交谈了几句,但双方都不知道,以后还有没有必要交往下去。

造成这种"社交强迫症"的病根,仍然是那个"认识的人越多越好"的误区。这个误区会导致人们盲目地参加社会活动,最后找到只是空洞无用的"人脉"。

中空人脉是与实心人脉相对应的一种人脉关系,就是以旧的人脉理念形成的看似庞大、华而不实的人脉。是那些种"熟人到处有",名片满天飞,经常有酒肉来往,还时常把"感情"、"交情"挂在嘴边那种人脉圈。通过这些关系结识的人,很多不旦不能成为良师益友,给人积极向上的力量,有的时候还会拖人的后腿。

提升实心人脉,不等于传统意义上的"拉关系"或者"认识人",而是在你的职业范围内,更好地将自己传播出去。

要把目标放在如何创造机遇上，只有让自己的价值和能力得到关键人物的认同，你才能有获得机遇的可能。

提升实心人脉，重在"做事"，如果你不好好做本职工作，每天只顾着和别人沟通感情，那可就是舍本逐末了。

创造机遇不等于"投机"，千万不要抱着投机的态度去做事，你得坚持不懈地努力证明自己的个人价值才行。

想成功，就与成功的贵人为伍

成功是一个磁场，失败也是。一个人生活的环境，对他树立理想和取得成就有着重要的影响。周围的环境是愉快的还是不和谐的，身边有没有贵人经常激励你，常常关系到你的前途。所以，想成功，就要努力寻找成功的贵人，并与他们为伍。

国际级励志成功学大师，被尊称为"信心和潜能的激发大师"的陈安之，有一句经典语录："要成功，需要跟成功者在一起。"大多数人体内都蕴藏着巨大的潜能，它酣睡着，一旦被外界的东西激发，就能做出惊人的事情来。因此，如果你与成功的贵人在一起学习，他们都非常热情，非常有行动力，你跟他们在一起，就会激发自己的潜能，不行动都不行。倘若你和一般失败者面谈，你就会发现：他们失败的原因，是因为他们无法获取成功的环境，因为他们从来不曾走入过足以激发自己、鼓励自己的环境中。因为他们的潜能从来不曾被激发，他们总是与失意者在一起抱怨。所以，他们没有力量从不良的环境中奋起振作。

一位百万富翁登门请教一位千万富翁。

"为什么你能成为千万富翁，而我却只能成为百万富翁，难道我还不够努力吗？"百万富翁很郁闷地问到。

"你平时和什么人在一起？"

"和我在一起的全都是百万富翁，他们都很有钱，很有素质……"那位百万自豪地回答。

"呵呵，我平时都是和千万富翁在一起的，这就是我能成为千万富翁而你却只能成为百万富翁的差别。"那位千万富翁轻松地回答。

成功最重要的秘诀之一，就是向成功的贵人学习成功的方法。成功的贵人自有他成功的道理。要想学习成功的贵人,你必须想法接近成功的贵人,并与成功的贵人在一起。只有这样,你才能真正学到成功者的思维方式和经验。成功的道理很多,有些是能写到书上的,还有很多是无法写到书上的。要学习那些无法写到书本的真经,必须想法跟成功的贵人在一起。

俗话说:"店里有人好吃饭,朝里有人好做官。"调查表明,公司中高级以上的主管中的90%的都受过别人的栽培。但是,最关键的是你要积极进取,这样贵人才愿意帮助你。

事实上,只要很努力,只要你热情而真诚地待人,认真做好自己的事,那么,在我们需要的时候,贵人就会不经意地来到我们的身边,帮我们成就自己的事业。下文中的黄勇就是一个很好的例子。

黄勇是一家公司的销售员,他工作的一部分任务就是给潜在的客户打电话。一天,他联系到一家公司的周总,说明自己公司的产品。周总的公司确实需要黄勇的产品,但是,为了考验黄勇,他答应黄勇有时间再去买产品。

事实上,黄勇推销的产品在这个城市是比较少的,对这个产品需求的人也少。黄勇觉得周总这样的回答听多了,多是个借口。而事实是周总表示有这方面的需要是真实的,而黄勇并没有努力做这件事情。而是把这件事当笑话一样讲给了同事陈晨。

陈晨是个细心的人,他看到黄勇并没有努力做这件事情,最后不了了之,就想着拦这个生意,让他惊喜的是周总是急需这个产品的大客户。双方协定后,就签了这个单。黄勇很惊讶,问陈晨怎么搞定的。陈晨说:"就是多打了几个电话,比较真诚点。周总不是说有会议要开,就是说妻子过生日……我就给他妻子打了个电话祝福她生日快乐,并真诚地邀请他来参观公司的产品。"最后,周总终于被陈晨的努力所打动,签了单。之后,周总又给陈晨介绍了其他的客户。

在人生的起步阶段,我们潜在的贵人就是我们的靠山,把握得好便能让我们更快得脱颖而出,走上一条成功的捷径。但是,并不是你想着让贵人帮助你,他就会来帮助你。你要让贵人觉得你值得他帮助,最重要的是让他看到你的才华,让他看到你的天赋,让他看到你的上进心。这样他才会对你有好感,在你身上寄有希望。

好感是幸运符——它是所有情谊的基础,是赢得他人乐意提供帮助的第一步。让贵人对你产生好感,是靠近贵人的一种方式。这样贵人就会对你产生感情,一旦对你有了感情,就会大力培养你。那么,我们该如何在第一时间赢得他人的好感呢?

◆对对方保持微笑

如果你对别人微笑,对方就会对你有好感,以友好的态度对待你。因为笑容是一种亲和力的催化剂,它能让对方感受到你的善意和与真诚。如果你时常对对方保持微笑,在你周围的人总是会有种幸福的感觉,这样你离成功就不远了。

◆要让自己看起来更真诚

要让自己说的话听起来更有内涵,更有深度,还要让自己的声音传达自己的真诚。如果你说话声音太小、太快或者太慢,都会让人怀疑你不够真诚。说话的时候要用清楚的字句和悦耳的声音来让自己看起来真诚。

◆要让自己看起来很执着

一个人想要取得大的成就,要看他是否执着,是否能坚持。成功人士不会被客观条件束缚,会尽量使出全身的力气创造出条件来接近成功。贵人也会感动于这种执着,伸出援助之手。因为他知道这是一个值得帮助的人。

◆让贵人看到你的品质和能力

要多学习,多思考,要懂得找方法,贵人看到你的这些品质和能力,就会很信赖你。比如,你口才比较好,在适当的地方适当的时间发挥这个优势,贵人就会发现你,让你更出色。

TIPS:寻找贵人,多几个心眼

有句话说:"七分努力,三分机运。"我们一直相信"爱拼才会赢",但偏偏有些人是拼了也不见得赢,这是因为他们缺少贵人相助。在攀向事业高峰的过程中,贵人相助往往是不可缺少的一环,有了贵人,不仅能替你加分,还能加大你成功的筹码。

但是,在寻找贵人的过程中,一定要有点"心眼":

1.选一个你真正景仰的人,而不是你嫉妒的人,否则还是另搭顺风车的好。

2.摸清贵人提拔你的动机。有些人专门喜欢找人为他做牛做马,万一出了事,你不仅捞不着好处,还可能成为替罪羔羊。

3.不要自恃贵人撑腰而招惹祸根。无论是职场还是生意场上,能够得到贵人的扶持时,切忌张扬,以免遭人忌恨。

4.不要舍近求远。离你最近的人了解你是最多的,他更能知道你"好用"还是"不好用",所以,他的推荐往往成功率较大。

5.要知恩图报,饮水思源。有些人在受人提拔、功成名就之后,往往就想遮掩过去的踪迹,口口声声说"一切都是靠我自己",一脚踢开照顾过他的人。如果你不想被别人指着鼻子大骂忘恩负义,可千万别做这种傻事。

防微杜渐,他是贵人还是小人

1. 相由心生,慧眼识真——看人不要被面具所迷惑

只有了解了他人,才能把握对方的人格之高下、品质之优劣、行为之美丑。做到有针对性,或者坦诚相待,或者持有戒心,从而能防患于未然。

然而,认知他人也是不容易的,俗语说:"画虎画皮难画骨,知人知面不知心。"这是一个复杂的心理过程,通常需要根据主要的信息来判断:

被认知者的外貌、言行、姿态等;

认知者与被认知者互动的情境,被认知者所具有的角色;

认知者本身的成见以及概念系统的简单与复杂程度也对认知者产生巨大影响。

要正确了解、判断一个人,不能只凭一行一言一事的外在表现,而要透过现象看本质,注意他对那些身处逆境或地位低下的人的态度。在具体的人际交往中,会有各种不同的情况出现,具体问题需要具体实践。

在现代快速的生活节奏中,我们不可能天长日久地去考察衡量一个人然后决定与他的交往方法,而是要求我们用敏锐的眼光尽快判断制定出速战速决的方针。

每个人都很难从对方脸上的表情或者言谈举止来断定其心情和目的。难过的时候,他可能微笑着巧妙地掩饰,兴奋的时候,他也可能故作沉思低头不语。因此,这时他说出来的话、做出来的事不一定出自于内心的本意。这正如同人们平时所说的那句话:"人人都戴上了虚伪的面具"。这面具随着年龄的增大,戴得越来越巧妙,越来越难以被人发觉。久而久之,这就逐渐变为一种社会性的心理思维定势、一种习惯,随之而来的处世圆滑也是成熟的标志之一。想一想自己,不也是如此吗?自己的喜怒哀乐何曾明明白白表露在他人面前而不加任何掩饰呢?真可谓人心难测,这是我们通晓人际交往秘诀的先决条件。

有些人表现一副道貌岸然、和蔼可亲的面孔,却隐藏着内心的真实想法。外表上对人极尽夸赞逢迎,暗地里却耍手段,要么使人前进不得,要么使人船翻人覆,甚至是落井下石。这种人还往往不是自己出面去伤害别人,而是借此伤彼。

在我们的周围,有时,他们看到你直上青云就会逢迎拍马专拣好听的话讲;有时,他们看到你事事顺心进展神速而在背后造谣生事,陷你于不利;有时欺骗、谎言、圈套从他们头脑中酝酿成"捆妖绳"套在你身上,使你翻身落马;有时,他们看到你坠入困境则幸灾乐祸趁机打劫。所有的这一切,我们岂能不防呢?

生活中往往有两面三刀者,就是采取各种欺骗方法,迷惑对方,使其落入陷阱,从而达到自己的企图。唐玄宗时的宰相李林甫,他陷害人时并不是一脸凶相,咄咄逼人,而是吹捧对方,说一些甜言蜜语,暗地里却拿对方开刀。当时世人称李林甫"口有蜜,腹有剑"。在当代,"当面说好话,背后下毒手"者不少,我们在生活中一定要认识清楚,提高警觉。

挖出人心里隐藏的秘密

想从对方外表判断一个人,或从社会地位、职业判断人,却不愿说出自己的烦恼或工作内容的人很多。有的人则特意邀约对方谈论某件事,然而一旦和对方见面后,又不习惯于当场的气氛,或不中意对方的外观,而始终不愿启口论事。

"人要交往,马要试骑",这是人人皆知的道理。不开口的话,什么事情也解决不了。与其什么事从一开始就死心,不如抱着一试的心情,即使被取笑也没关系,诚恳地与对方交谈看看,请求对方助己一臂之力,才是创造机会的明智之举。

有种人会抱着"反正本来也无法解决"的心情,采取积极的战术。这样的人虽然任性,但具有强烈的依赖心,无论再烦恼、再无聊的小事都向他人倾诉,如此一来即可消除自己的焦躁感。换句话说,这些人已经把他们的缺点转变为对自己有利的优点。

有时候,我们常会听到别人说这样的话:"原来是这件事啊!唉呀,如果你早点说,我就有办法解决了!"

"今年的预算已经订好了,真不巧,明年再说吧!"

当我们着手思考某件事时,如果一开始就先告知对方,说不定这正是对方所急需的意见,使你获得千载难逢的机会:

"我们正在编列预算,你的意见实在太好了,我们商讨后会立刻通知你,谢谢你宝贵的建议。"

你是否也在一开头就对某件事情死心呢?凡事要试了才知道,即使在闲谈之中,把胸中累积的所有烦闷,毫不保留地倾吐出来,让他人协助解决，说不定正是抓住时机的大好起步呢！

每个人都拥有不愿为人所知的一面，即使并非是什么见不得人的秘密，但或多或少都有些心事隐藏在心里面。一个成就显赫的人，就不愿被人探知过去的历史，如工作方面遭遇的失败，血气方刚犯下的大错，肉体上的残缺等。

正由于心中有鬼不愿外露，所以才装作一副毫无弱点的姿态来与人交往，那是在刻意伪装自己的内心。不过，当我们干脆地解除自己的武装，毫不掩饰地暴露所有的缺点，而以诚相见的时候，对方也相应地会以较为轻松的姿态和我们交往。

通常，人们对我们意欲掩饰的行动，常故意投下注视的眼光，偶尔还可能故意往坏的方面想象。但如果我们本身解除警戒，并表示我们信赖对方、表示好感的话，对方反而会以诚相见。即使对方不怀好意而来，但当我们逐渐解除武装，慢慢地暴露自己的某些缺点，采取较低的姿态，有时也可达到使对方将恶意转变为好意的效果。

如果你商场上的对手防御顽强，而且表现得毫不通融的时候，你最好先泄露出自己的某些弱点，使对方解除戒心。即使是经常以严肃的死板脸孔斥责属下的上司，只要以信赖他们的姿态交谈，也会使会谈意外顺利地进行下去。

人总是一方面严密地隐藏自己不愿为人所知的秘密，另一方面又渴望将自己的秘密告诉某人。秘密是内心相当沉重的负担，长久不安是很痛苦的事情。倾吐心里的不幸、不满，寻求相知的人了解，是人本能上的欲求。揭露自我，是巧妙地引导对方唤醒本能欲求的行动，也是使对方向你告白本身的弱点和秘密的踏脚石。

通过细节洞察对方的人品

人是很复杂的，了解一个人并不是一件简单的事。但只要我们注意观察，就可以通过一个人的喜好了解他的素质、修养和品德。

物以类聚，人以群分。只有性情相近、脾气相投的人才能走到一块儿成为朋友。如果对方的朋友都是一些不三不四、不伦不类的人，他的素质不会太高;如果他结交的都是些没有道德修养的人,他自己的修养也不会太好。有的人交朋友以性格、脾气取人,能说到一块就是朋友;有的人则以追求取人,有相同的追求就能成为朋友;有的人则因为爱好相同而走到一起。但无论如何,只有二人修养相当、品质差不多时才能成为永久性的朋友。所以,了解一个人的朋友也就了解了这个人。

想了解一个人,还可以观察他是怎样对待别人的。

人在得意的时候,特别爱诉说他与别人在一起交往的情景,他说的时候是无意的,不会想到他与被说人有什么关系,所以一般比较真实。

如果对方当着你的面说自己如何占了别人的便宜,如何欺骗了对方等等,那你以后就得对他注意一点儿,有可能他也会这么对待你。

还有一种人比较圆滑,好像很会处世似的,往往是当面一套,背后一套,当着你的面说你如何如何好,别人如何如何不好,聪明的人就得注意这种人了,因为他在背后说别人坏,就有可能在你背后说你坏。

而有一种人可能当面批评你,指出你的缺点来,却又在你面前夸奖别人的优点,你也许不愿接受他这种直率,但这种人却是非常可信赖的人。

另外,看一个人如何对待妻子、儿女、父母,就可以分析出这人是否有责任感,自私还是不自私。

你可以通过他是否按时回家,有急事时是否想着通知家人,说起家人时感觉是否很亲切等等,从这些细节可以看出他对家人的态度。一个不把家人放在心上的人是不会把朋友放在心上的。这种人往往心里只装着自己,只关心自己的得失安危,根本就不会想到朋友。所以交往时要注意尽量不要与那些没有家庭观念的人结交。

四种方式了解一个人

知彼知己,百战不殆。在与一个人开展交际之前,首先必须了解他。只要了解了对方的人格、性格、办事能力以及为人处世的方式,就等于找到了与这个人打交道的办法。

一般来说,与人交往之前,可运用以下4种方式对其进行具体考量。

1、以自己的感觉为依据

自己的感觉是最可靠的,唯有自己的感觉不会欺骗自己,所以评价一个人怎么样,不能听信别人,更不能人云亦云。当然,当你所要接近的人众所周知声名狼藉时,你必须加强小心,以免受害。

2.重在表现,既要听其言,更要观其行

生活中不乏口是心非的人,如果只听其夸夸之谈,显然会被其误导。只有行动,才能暴露一个人的本质。也只有经过对其具体行动的考量,我们才能够对他作出一个大致的评价。具体考量时,需从以下几个方面入手。

(1)在关键时刻或者危急时刻了解他,以便我们看清他的性格、个性以及人品。

(2)通过他的工作了解他,可以判断出他的工作能力、业务水平和敬业程度。

(3)通过其他人了解他,可以判断出他在人群中的形象、地位以及前途。

(4)通过他与别人的人际关系处理得好坏了解他,可以判断出他在处理人际关系方面的能力。

(5)在是非中了解他,可以清楚地了解他的人格。

3.确立自己个人的分类标准

一般来说,女性朋友们可以把周围的人按照性格特征来分类,或者按照人品来分类。让他们一一对号入座,你心中就有了一个大致的交往之道,比如老张很踏实,应该多交往;小陈工作散漫,还喜欢说同事的坏话,要跟他保持距离;等等。

4.长期观察,随时调整

人是极其复杂的动物,而且很多人都有多重人格,因而想一次性了解透彻一个人极不现实。了解一个人,需要长期观察,而不是在见面之初就对一个人的好坏下结论,因为太快下结论,会因你个人的好恶而发生偏差,从而影响你们的交往。另外,人为了生存和利益,大部分都会戴着假面具,你所见到的是戴着假面具的"他",而并不是真正的"他"。这是一种有意识的行为,这些假面具有可能只为你而戴,而扮演的正是你喜欢的角色,如果你据此判断一个人的好坏,并进而决定和他交往的程度,那就有可能吃亏上当或气个半死。用"时间"来看人,就是在初次见面后,不管你和他是"一见如故"还是"话不投机",都要保留一些空间,而且不掺杂主观好恶的感情因素,然后冷静地观察对方的行为。

一般来说,人再怎么隐藏本性,终究要露出真面目的,因为戴面具是有意识的行为,时间久了自己也会觉得累,于是在不知不觉中会将假面具拿下来,就像前台演员一样,一到后台便把面具拿下来。假面具一拿下来,真性情就显露了,可是他绝对不会想到你会在一旁观察他。

用"时间"来看人,你的同事、伙伴、朋友,一个个都会"现出原形"。你不必去揭下他的假面具,他自己自然会揭下来向你呈现真面目,展现真实自我的。

所谓"路遥知马力,日久见人心",用"时间"来看人,对方真是无所遁逃。

2. 防微杜渐,如何识别小人

我们说,察以其相,可以知人。对于生活经验丰富的人来说,更是如此。

100多年前的曾国藩就是一位鉴别人物的高手。曾国藩为人威严凝重,三角眼而且有棱角,在初见客人时,注视客人不说话,常常看得人大汗淋漓,悚然难持。他对于如何识别鉴人自有心得,并著书成册,也就是著名的《冰鉴》一书。

他有异乎寻常的识人术,尤擅长于通过人的身体语言来判断对方的品质、性格、情绪、经历,并对其前途作出准确的预言。

一天,有新来的三位幕僚来拜见曾国藩,见面寒暄之后退出大帐。有人问曾国藩对此三人的看法。

曾国藩说:"第一人,态度温顺,目光低垂,拘谨有余,小心翼翼,乃一小心谨慎之人,是适于做文书工作的。第二人,能言善辩,目光灵动,但说话时左顾右盼,神色不端,乃属机巧狡诈之辈,不可重用。唯有这第三人,气宇轩昂,声若洪钟,目光凛然,有不可侵犯之气,乃一忠直勇毅的君子,有大将的风度,其将来的成就不可限量,只是性格过于刚直,有偏激暴躁的倾向,如不注意,可能会在战场上遭到不测的命运。"这第三者便是日后立下赫赫战功的大将罗泽南,后来他果然在一次战争中中弹而亡。

还有一次,李鸿章向曾国藩推荐三个人,希望曾国藩能给他们分派一份适合的职务。但不巧的是,他去的时候,恰好曾国藩散步去了,李鸿章示意三人在厅外等候。

曾国藩散步回来,李鸿章说明来意,并有意让曾国藩考察一下三个人的能力,也好按能力、人品、学识,安排适合他们的职位。曾国藩讲:"不必了,面向厅门、站在左边的那位是个忠厚人,办事小心,让人放心,可派他做后勤供应之类的工作;中间那位是个阳奉阴违、两面三刀的人,不值得信任,只宜分派一些无足轻重的工作,担不得大任;右边那位是个将才,可独当一面,将来作为不小,这样的人才能委以重任,才不会误了社稷苍生。"

李鸿章闻听此言,大吃一惊,问曾国藩是何时考察出来的。曾国藩笑着说:"刚才散步回来,见到那三个人,走过他们身边时,左边那个低头不敢仰视,可见是位老实、小心谨慎之人,因此适合做后勤工作一类的事情,我相信他不会中饱私囊,会兢兢业业干好;中间那位,表面上恭恭敬敬,可等我走过之后,就左顾右盼,可见是个表里不一、阳奉阴违的人,因此不可重用;右边那位,始终挺拔而立,如一根栋梁,双目正视前方,不卑不亢,是一位大将之才。"

李鸿章照曾国藩的话去做,果不其然,三个人都如所料,物尽其用。其中那个拥有才学之人,正是淮军勇将、后来的台湾巡抚刘铭传。

跟诸葛亮学辨小人

诸葛亮的《心书》既是一部兵书,也是一部识人用人的权略之书。在书中,诸葛亮列举了于国于军有害的五种人,这五种人,现在通俗的说法叫"小人"，也就是卑鄙猥琐上不了台面的人。原文是这样的：夫军国之弊，有五害焉：一曰结党相连，毁谮贤良；二曰侈其衣服，异其冠带；三曰虚夸妖术，诡言神道；四曰专察是非，私以动众；五曰伺候得失，阴结敌人。此所谓奸伪悖德之人，可远而不可亲也。

这段话的大意是：不论是治军还是理国，有五种人是需要时时注意的，他们是国家、军队发生混乱的祸根。这五种人是：私结朋党，搞小团体，专爱讥毁、打击有才德之人的人；在衣服上奢侈、浪费，穿戴与众不同的帽子、服饰，虚荣心重、哗众取宠的人；不切实际地夸大盅惑民众，制造谣言欺诈视听的人；专门搬弄是非，为了一己私利而兴师动众的人；非常在意自己的个人得失，暗中与敌人勾结在一起的人。这五种虚伪奸诈、德行败坏的小人，对他们只能远离而不可亲近。

诸葛亮所列举的，其实是五种小人的行为做派，诸葛先生称之为"五害"，犹如当年韩非子所论的五蠹，这五种人，便是"军国之弊"的根源。人其实是最难搞懂的，因为人有自己独立的思维，而这种思维又是随机的、动态的，会受到多种因素的影响，会随着外部条件的变化而变化。而小人的所为，是既要做又不想让别人知道，所以，其行径往往倏忽多变、防不胜防。可以说，我们身边随时随地都会有小人出现，我们也随时随地都会和小人打交道。

一、小人的危害

小人的行为，会影响到核心的决策，会让权力的重心失去平衡。比如那些搞小团体的人，通过一定的手段，譬如一起吃吃喝喝，共享低级趣味等等，在微醺烂醉或是意乱情迷中称兄道弟，看着挺热闹，其实不过是为了某种共同利益而进行的暂时结盟。然而这是很危险的，因为这样无形中便在领导核心之外，产生出另外一个小圈子，而在这个小圈子里，也会诞生一个小的核心所在。久而久之，这个小核心就会影响到大核心，甚至会挑战大核心的权威，从而让大圈子的能量失衡，核心的轨道也就随之偏离，领导的权威就会淡化甚至失去。

小人是权力磁场中的游离态。他们离不开核心，却又在磁场中冲突碰撞，极大地影响着中心的磁力。小人有个共同特点，就是以自我为中心,而且嫉贤妒能。自己没啥本事,却又容不下别人的好,不想看到别人受重用,不想看到别人比他强。于是就使些下三滥的手段,通过歪门邪道的方式来突出自己,大吹大擂、夸夸其谈,甚至会搬弄是非、妖言惑众,以此混淆大众的视听。他们总是千方百计给别人设置障碍、制造麻烦,似有着强迫性的心理变态,看到别人倒霉了,他才舒坦。小人的心思全都用在了这上面。

二、小人的特征

小人,是相对于君子而言的。我们常说,君子坦荡荡,小人长戚戚,小人行事总是偷偷摸摸,让人觉得可怜可鄙又可笑。如果小人既行小人之事,表面上还要做出坦荡的样子,当属小人中的极品,是真小人。这种人具有很大的迷惑性,分辨起来很困难,但他们也有一些共同的特征。

小人的功夫全在嘴上,因为他们没有实际能力,只能做口头上的巨人。诸葛先生还说到小人的一个外在特征:追求另类,喜欢铺张,浪费无节制,爱穿不一样的奇装异服。当然这是说的古代,古代礼仪严格,穿衣打扮等小节也很讲究,不能太过分。搁现在则是时尚、超前。时代在发展,也不可一律不分青红皂白混为一谈,不能说现在那些另类个性的新新人类就是小人。

但这最起码也说出了小人的一个特征,就是他们都喜欢炫耀自己,专门择人之不为而为之,是自私和虚荣心的一种体现。永远把自己摆在第一位的人,会为了一己私利,做出任何有损集体的事情。同样,一个虚荣心极强的人,你也不要指望他对集体有什么贡献。因为虚荣心是与责任心成反比的,虚荣心越重,责任心就会越差,对工作也越不在意。

三、如何对付小人

对于拥有权力的核心人物,谁都想靠得近些。领导的周围,既有真诚的君子,也会有虚伪的小人。在某种程度上,小人在领导身上下的功夫会更多,因为他们要利用领导的力量去排斥别人,以达到自己的私利。他们往往表现得异常乖张,上蹿下跳,看着比谁都忙乎,比谁都有热心。但这只是表象,是蒙蔽他人的障眼法。所以对待小人,只能"可远而不可亲也",否则便会当局者迷。

其实类似的话,诸葛亮在《出师表》中也曾说过。"亲贤臣,远小人,此先汉所以兴隆也;亲小人,远贤臣,此后汉所以倾颓也。"两个鲜明的对比,也道出了小人的危害性。其实不光两汉,历代的兴衰,也都莫过于此。职场犹如江湖,本就鱼龙混杂。况且,权力是没有感情的,自然也就没有分辨力,不能判断谁是君子谁是小人。有这个能力的,是掌控权力的人。

这其实说的是领导素质问题。一个成功的领导,不仅是一个掌权者,还是一个用权者,要有识人用人的本领。识人用人说起来容易,真正做好却很难。小人总是深藏不露的,小人二字也没有写在脸上,这就让人们在判断上难免会有偏差。而诸葛先生的一席话,犹如一盏指明灯,为我们照亮了方向。苍蝇叮不了无缝的蛋,只要大家心里对小人有了防范,适时远离他们,那些小人自然也就无计可施了。

奉承拍马

怎样识别奉承拍马的小人?其中有三种途径:动作、语言、神色——也就是他们办事的方式,说话使用的言辞,浑身上下显露出来的神情。唯唯诺诺的小人走路的架势和姿势都要学老板的样子,说话时的用词和口气也开始与老板相似,甚至连腔调也会和老板一样。

就像铁屑被磁铁吸引,唯唯诺诺者、马屁精、阿谀奉承者,都以上司为靠山。如果将磁场关闭,这类喜欢奉承拍马的小人就会像一堆没有生命的木偶一样散落在地,显得愚蠢可笑,完全散了架子。

对于这样的人和事,正人君子是不屑一顾的。古人对此有这样的说法:与地位高的人交往不阿谀奉承,可谓悟到了交友的关键。那些花言巧语、察颜观色的人则被认为是不讲仁义的小人。公孙弘将学习的目的歪曲为阿谀取媚,汲黯能当面指责汉武帝的过失,萧诚和柔而善美言,张九龄因此断绝了与他的往来,宋之问为张易之等人端尿壶,赵履温甘为安乐公主拉车的牛马,丁渭在宴会上为寇准擦胡须上的汤渍。这些人载于史册,遗耻千古。

虽然人们对奉承拍马的人鄙视冷淡,然而,他们总难绝迹。为什么呢?因为那些自身难保的上司需要他们,那些功成名就的老板的虚荣心需要这些人用奉承话来满足。

奉承拍马者奉承的最终目的就是为了爬上高位。有朝一日大权在握，他们又会培植出更多的诌媚小人，这些人又会引来更多的马屁精，最后发展成整个部门沆瀣一气，办事说话都是一个腔调，甚至气味也一模一样。后果怎样？整个企业标价出售，或者破产关门，变成不务正业的败家子。

其实，在一些精明强干的上司眼里，那些奉承拍马者还是很悲哀的。这些人已经无法摆脱奉承拍马的习惯，也就是事事总先想到老板在想些什么，在此之后又吃不准自己到底在想什么，甚至不知道自己有没有想法。在会议上，他总望着老板，弄清楚老板要说什么，他就说什么，他总是会把老板的话用自己的嘴说出来。结果，老板得到了报答、光彩和利益，而奉承拍马者却招来同事的鄙弃。

口是心非、栽赃陷害

口是心非，毫无疑问，就是表面上说的天花乱坠，而内心则全非如此；表面对你百依百顺，而实际上则是我行我素；嘴里说着对你的赞誉之词，而内心则是诅咒你不得好死……口是心非的小人，最善于勾心斗角。因为他们每天都在考虑如何表面上应付别人，行动上却又如何去算计别人。

这种口是心非的伪君子，事君必定不忠，事亲一定不孝；交朋友必定不讲信用，对待部属下人，也一定不讲道义，这种人乃是小人中的小人啊！

今天，人们有一种普遍的心理：不信任。造成这种心理的原因之一大概是生活中"口是心非"的人太多了。试想一下，如果长期生活在这些人当中，吃过几次亏之后，不论是谁都会增强戒备之心，对他的话加上几个问号。

口是心非的小人最善于勾心斗角。与这种人为伍是非常危险的。因为你不知道他心里到底是怎么个想法。在文学史上，《伪君子》中的达尔杜夫是口是心非的最典型的代表，他已成为"伪善、故作虔诚的奸徒"的代名词。他表面上是上帝的使者,虔诚的教徒,而实际上则是个色鬼,是个贪财者;他表面上对奥尔贡一家恭维,而实际上则用最卑鄙的手段去谋害这一家人。可以说他是个表面上好话说尽实际上则是坏事做绝的最无耻、最卑鄙的小人。但是他最终的结局呢?他的这一套无耻的手段终于被人识破了,西洋镜最终被人揭穿,达尔杜夫成了万人唾弃的小人。他整天苦心于算计别人,最终倒把自己推进了万丈深渊。

口是心非与虚伪可以说是等同语。因为口是心非的人为了掩饰自己内心的想法,必然要用谎言去应付别人。谎言说多了,被别人识破了,他也就成为了一个虚伪的人。我想,只要有点自尊心的人是不愿被别人称为"伪"人的。一旦在别人的心目中是个虚伪的人,那你的生活将是很痛苦的,到处是不信任的眼光,到处是不信任的口吻,转过身来人们对你应付一下,转过身去你将成为众矢之的,那滋味真是难受极了。

作伪或说谎,即使它可能在某些场合发挥作用,但总之,其罪恶是远远超过其益处的。因为通常作伪者决不是高尚的人而是邪恶的人。当然,一个人不可能一下子就变坏。一个人起初也许只是为了掩饰事情的某一点而做一点伪事,但后来他就不得不做更多的伪事,说更多的谎话,以便于掩饰与那一点相关联的一切。总结起来,做伪事说谎话,口是心非大概出于以下几种目的:其一是为了迷惑对手,使对方对自己不加防备,以便达到自己的目的;其二是为了给自己留一条退路,这也是为了保全自己,以便再战;其三嘛,则是以谎言为诱饵,探悉对手的意图,这种人是最危险的。西班牙人有一句成语:说一个假的意向,以便了解一个真情。也许,这些目的有可能不能算作太恶。但作为口是心非者,其说谎或作伪的害处却是很大的。首先,说谎者永远是虚弱的,因为他不得不随时提防被揭露,就像一只伪装成人的猴子一样,他要时刻防备被人抓住尾巴;其次,口是心非者最容易失去合作者,因为他对别人不信任、不真诚,别人也就以其人之道还治其人之身;其三,也就是最重要的一点是口是心非者终将失去人格——毁掉他人对他的信任。我想,世界上恐怕没有比失去人格更可悲、可痛的事了。

长舌头长小人

永远不要把自己的隐私告诉那些"长舌朋友"，否则，你就好比在自己身边埋下了一颗地雷，没爆炸时风平浪静，但某天一旦被引爆，你就很可能彻底完蛋。

你听说过"长舌妇"这个词吗？指的就是那些制造和传播"八卦新闻"的人，那些喜欢造谣和传谣的人。

请你检视一下身边的朋友和同事，看看有没有喜欢到处传话的人，假如有，那么，在这类人面前时，你说话和办事时都必须非常小心，要不然你就有可能遭殃。如果你遇上了喜欢告密的人，如果你结识了喜欢打小报告的朋友，如果你交了乐于传播小道消息的朋友，那么，你最好还是赶紧躲得远远的。如果沾上了这种人，就相当于跟是非沾上了边儿。

"长舌朋友"的可怕之处在于，他们的长舌时机是有选择的，他们告密的目的就是谋取好处，甚至从你的被伤害中谋得利益。

通常，我们在朋友面前说话办事都会少了很多顾忌，而且，我们往往会认为所有的朋友都是不会乱说话、都是不爱传话的人，于是心里就更不设防了。只是，当你跟朋友们吃饭喝酒，两杯下肚，把心里话都倒了出来时，是否想过：当你的心里话涉及到他的个人利益时，他是不是有可能偶尔"说东道西"一把，以达到自己的目的呢？

因此，当你遇到"长舌朋友"或准"长舌朋友"时，还是少说点日后对自己可能有害的心里话为妙。

任成是一个性格开朗心怀坦诚的人，对朋友总是敞开心扉，无所不谈。在他刚走进社会参加工作时，有一个同时进入单位的同事，由于他们的性格、志趣和家庭出身等方面的情况都非常类似，于是他们便成为"亲密无间"的好朋友。

在工作上，每当遇到了什么问题，任成总会和那位朋友一起讨论解决，复杂些的事情他们便会先分工后合作，经常工作到第二天凌晨三四点钟。由于两人的精诚合作，他们创造出了一项又一项优秀的工作业绩，他们两人也都受到了上司的高度重视和好评。

　　某天晚上,又是只有任成和这个同事两个人在办公室里和电脑打交道,又一次在规定的时间里完成了同行看来"不可能完成的任务"。由于时间太晚了,两人都不想回家,便去了一家酒吧喝酒谈心。在酒精的作用下,毫无戒心的任成向他诉说了自己打算出国深造的梦想,准备再工作两年就不干了,到国外去镀镀金。

　　后来,任成意识到上司对自己和这个同事的嘉奖不再一视同仁,他明显比自己更加受到器重。任成开始有些不解,便找上司谈话,上司只是闪烁其词,谈了一些公司愿意把锻炼机会更多地给那些愿意在公司长期服务的员工之类的话。

　　任成开始反思,很快他就明白了,是平时跟自己亲密无间的同事向上司"汇报"了自己的私人打算,才使得谨慎的上司对自己的忠诚度产生了不信任。很快,任成在公司中失去了发展的前途,黯然提出辞职,到了另一家公司。

　　朋友间称兄道弟,推心置腹,惺惺相惜,一方面体现出彼此的尊重和平等,一方面编织着互相合作的纽带,交朋友是一件愉快的事情。因此,大多数人都希望交到更多的朋友,也希望别人能像对待朋友一样对待自己。这是人之常情,出发点和愿望都非常美好。但是,在看清周围朋友的真面目之前,首先要检视一下他的舌头有多"长"。永远不要把自己的隐私告诉那些"长舌朋友",否则,你就好比在自己身边埋下了一颗地雷,没爆炸时风平浪静,但某天一旦被引爆,你就很可能彻底完蛋。

忘恩负义,小人难养

　　不懂感恩的人只记得你的坏处,从不念你的好处,纵使你对他鸿恩浩荡,也难抵他对你恨水一滴。对于这种人,每个善良的人都应用心提防,最好跟他断交。

　　交朋友真的不容易,交个相知一生的朋友就更难了。

　　对朋友的事我们总是尽心尽力,给朋友的好处我们并不是非得期望回报,但至少希望对方会懂得感恩,你心换我心,真心交真心,彼此间的友谊长长久久,也算没白交了一个朋友。然而,这只是我们理想中的想法，现实生活中我们却常常看到，有的朋友对他的好处他记不住，有一点让他感觉不好的地方就耿耿于怀，不是恶言相向，就是翻脸不认人。

有位在北京某大学任教的年轻老师梁新讲述了他生活中的一段经历。梁新有一位中学同学刘非，大学毕业后在河北一所中学任教，因志不在此，总觉得对自己的处境不满意，加上恋爱受挫，年近而立时相交多年的女友弃他而去，刘非便给梁新打电话，希望能帮忙在北京找个机会。梁新对同学的处境深表同情，就满口答应下来。他想到自己有个大学同学开了一家广告公司，就向他提出了要求。人家一听便对他说："老梁，我这里确实需要人，但是你的同学这层关系，一是不知道他是不是胜任，二是在管理上会给我造成诸多不便。"梁新依仗与这位同学关系不错，便大包大揽地说："你放心吧，刘非我不敢说他能力有多强，胜任工作没有问题。管理上你该怎么管就怎么管，真有什么事的话还有我呢。老同学就帮个忙吧。"就这样刘非进了这家广告公司工作。

干了一年多以后，刘非已经取得了一定的经验，便跳槽到另一家公司当上了策划经理。后来，在梁新的撮合下，刘非与梁新系里的一个打字员结了婚，生了孩子。

几年下来，刘非在北京基本站稳了脚跟，房子有了，车子买了，美中不足的是，夫妻感情不是太好，他总是嫌妻子学历低。另外，因为事业上始终没有再进一步，他也总感觉自己的才能没有得到应有的发挥。

感情上的问题也好，事业上的想法也好，这时候刘非应多从自身找原因，但是他把怨气都撒到了一心帮他的同学梁新身上：入错了行影响了自己一辈子，选错了妻子耽误了自己一辈子。用刘非自己的话说就是：我这一辈子两件最主要的事都让梁新给耽误了。

两人之间的关系自然就变得越来越僵了，梁新也想不到自己付出的真心和努力竟然会获得这样的结果，别提有多么伤心。梁新想，刘非就算不回报我，但至少也对我有些感恩之情吧，就算不对我感恩，也不能怪罪于我吧？但面对刘非如今这样的态度，他也只能无可奈何。

事实上，感恩归根到底还是一种思维方式的问题。像刘非这样的人考虑问题时只会围着自己转，以自我为中心，出发点都是以有利于自己，以看自己是不是有赚头为准,是否合情合理他就管不了那么多了。

现在,有很多在北京、上海、深圳等发达地区扎根的外地人,有了点基础就想帮助家里人,于是什么侄子侄女、表弟表妹等等一个接一个过来投奔。对这些亲戚,你就算再倾力帮忙也总有照顾不到的地方,到最后不管你尽了多大的力、花了多少钱,往往还是以把人得罪了而告终。原因何在?因为这些人记住的往往是你最后的"照顾不周",是你对不起他的地方,而你是否尽心尽力,就似乎与他无关了。

有人说,越是小人物越得罪不得,因为不懂感恩。

挑拨离间、搬弄是非

为达到某种目的,他们可以用离间去挑拨同事间的感情,制造他们之间的不和,好从中取利。在你面前讲一套,在别人面前又说另一套。在你面前对你好,但是在别人的面前就出卖你,说你的不是。他们喜欢向你套话,之后就说是你讲的,他们甚至可以在你面前以一脸受委屈的样子,来博得你的同情,连你不同意的看法,他都可以说是你说的!他们就如两头蛇,言行不一,讲一套做一套,是最会见风使舵的主。

有一只狮子和一只老虎是好朋友,它们很亲密,常常闭着眼睛把头靠在一起,用舌头帮彼此清理毛发,而且经常一起出去觅食,共同分享食物。

在他们附近有一只懒惰的狐狸,它看到狮子和老虎经常有肉吃,十分羡慕,于是想了一个方法:"我只要和它们做朋友,让它们把吃剩的食物分给我,我不就有肉吃了吗?"所以它来到狮子和老虎的面前,对它们说:"大的狮子和老虎啊!我一直很钦佩你们,羡慕你们的勇猛,希望你们能够让我服侍你们,然后赏我一点肉吃,我一定会好好为你们服务的。"

狮子和老虎答应了,开始与狐狸分食所猎来的肉。

饱餐一顿之后,狐狸想:"狮子与老虎的感情真好。如果有一天它们找不到猎物,一定会一起把我吃掉!我还是先下手为强,挑拨它们的关系,使它们彼此讨厌对方。"

决定好之后,狐狸私下对狮子说:"可要小心老虎,它对我说它越来越讨厌你，还说你们能找到这么多食物都是靠它的力量。"

狮子看了狐狸一眼，怀疑地问："老虎真的对你这么说吗？"

狐狸回答："从老虎对你的态度就可以知道了。你要是不信，明天你仔细观察一下，老虎肯定是傲慢地闭着眼睛舔舐你的毛，显示它的威势。"

随后，狐狸又悄悄溜到老虎住的地方，对它说："狮子真是太过分了！它跟我说它越来越讨厌你，还说你们能找到那么多食物全是靠它的力量。"

老虎也怀疑地问："狮子真的对你这么说吗？"

狐狸回答："它真的越来越讨厌你呢！不相信的话等明天狮子看见你，肯定会傲慢地闭上眼睛舔舐你的毛，对你显示它的威势。"

第二天，狮子果然发现老虎傲慢地闭上眼睛舔舐它，狮子很恼火，老虎看到狮子恼火傲慢的样子，想，狐狸说的果然不错，也心生怨恨。两个原本的好朋友居然因为狐狸的挑拨彼此厌恶，互不理睬。

小人往往包藏祸心，他们常常借离间他人而使自己得利。因此人际交往中，应注意远离造谣生事、挑拨离间的小人，以防被其暗箭所伤。

人世间，绝大多数人是真诚和善良的，但也确有一些虚伪和刁滑的丑类。那种为了个人的私利而挑拨离间彼此团结的龌龊之辈，就是这些丑类的一种。

由此可见，爱造谣生事、挑拨离间的小人总是特别善于见缝插针，恨不得早一点置别人于死地。

日本某玩具公司总裁一日突然卧病不起，一连几天没来上班。正赶上这个时期公司的经营状况相当糟糕，有些曾经受过总裁批评的小人借机心怀叵测的造谣说："公司由于经营不善已经面临倒闭破产的危险，总裁都不想干了，他要辞职。"这个谣言使得公司人心浮动，员工纷纷外出另谋出路，销售与生产因此急剧下降。公司一位副总裁召开了全公司大会，向职工们介绍了总裁的病情，公司的收支情况，但员工们仍是将信将疑。后来，另一位颇富公关经验的副总裁出面，他把员工心目中的"领袖"人物找来，首先听取了他们的想法，然后组织他们去医院了解总裁病情，再请他们审阅公司各种经营生产报表。"耳听为虚,眼见为实",如此坦诚的行动,折服了员工心目中的"领袖"。这样才好不容易把谣言平息下去,挫败了那些企图借此搞垮公司的人的阴谋。

如果一个单位出现了爱挑拨是非的人,致使人与人之间难以相处,那么领导可就要注意了,千万不要让挑拨离间的小人破坏了公司正常工作的局面。

相关链接:和"小人"办事讲究以下几个原则:

(1)与小人保持适度的亲密,保持距离

如果你信奉"宁与君子吵一架,不和小人说句话"的古训,对小人避之惟恐不及,那你就错了。有意的过分疏远,会被心胸狭窄的小人当做你在与他树敌,或认为你很看不起他。这样,你就把自己放在了他的对立面,这可是个危险的位置。你也无需违心地与"小人"套近乎,懂得"近之则不逊,远之则怨"的道理,保持一定的距离就可以了。

别和小人们过度亲近,保持淡淡的同事关系就可以了,但也不要太疏远,好像不把他们放在眼里似的,否则他们会这样想:"你有什么了不起?"于是你就要倒霉了。

(2)小心说话

口蜜腹剑的小人很会笼络人心,你可不要被其加了糖的麻醉剂弄得放松了警惕。

比如在午餐时,你可以与小人聊一些无关痛痒的家长里短、琴棋书画。不要让小人牵着你的话头走,他如果发牢骚抱怨公司的种种弊端,或是议论别人的短长,即使与你心中所思一拍即合,你也不能与之知音识曲,这时你最好把话题岔开。否则,日后这些话会被他添油加醋地传出去,说成是你的意见,叫你解释不清,有苦难言。

与小人说话,不要说些正面的事,多说些无关紧要的话,如"今天天气很好"的话就可以了,如果谈了别人的隐私,谈了他人的不是,或是发

了某些牢骚不平，这些话绝对会变成他们兴风作浪和有必要时整你的资料。

(3)不要欠小人的人情,不要有利益瓜葛

小人是最斤斤计较利益得失的,他们的算盘打得很出色,你若欠了他们的人情,这笔债他迟早要讨的。如果在你忙得不可开交时,小人主动提出要帮你接洽一个客户,你可不要随便接受这双援助之手。要知道,一旦生意谈成了,小人会以你的救兵和恩人自居,以后他碰到什么棘手的事找你作替罪羊,你若不答应,会被他说成忘恩负义。

小人常成群结党,霸占利益,形成势力,你千万不要靠他们来获得利益,因为你一旦得到利益,他们必会要求相当的回报,甚至粘着你就不放,想脱身都不可能。

(4)大度地吃些小亏

小人是很会利用别人的,你难免会被他们利用一两次。这时不要像受了很大伤害一样,气愤难平。了解到这种人的弱点,大度一些,原谅他也就算了。你若咽不下这口气,非要找个说法儿,从此与小人结了仇,肯定会遇到更狠毒的暗算。例如:老板叫你们做一个项目,分明是你的贡献大,却被小人抢头功,你与其和他争功,显得小气没风度,不如吃一堑长一智,下次泾渭分明地独立做自己的事,是非功过让人一目了然。小人有时也会因无心之过而伤害了你,如果是小亏就算了,因为你找他们不但讨不到公道,反而会结下更大的仇。

(5)不得罪

一般来说,小人比"君子"敏感,心理也较为自卑,因此你不要在言语上刺激他们,也不要在利益上得罪他们,尤其不要为了"正义"而去揭发他们,那只会害了你自己! 自古以来,君子常常斗不过小人,因此小人为恶,让有力量的人去处理吧!

不要与小人结仇,与小人结仇怨极不值得。"小人故当远,然亦不可显为仇敌。"知道谁是小人,就故意地疏远他,明显地回避他,言语中还带了不屑的语气,这有些过分。对小人的作为看不惯,就想"仗义执言",就想"抱打不平",就想做个维护正义的英模。这无疑与小人作了对头,把矛

头直接揽到自己身上。本来,小人对大家这个群体还有些忌惮,不敢公开与一个群体作对,这可好,小人终于找到了可以泄私愤的对手。

(6)小心失势的小人

小人被老板批评了,被降职了。遇到这等大快人心之事,你断不能欣喜之情溢于言表。在失利时,小人的心理是最阴暗的,如果他和你结了怨,怀恨在心,你今后的职业生涯就危险了。这种时刻,你最好对小人稍微热情一些,虚虚实实,让他感觉到你是个不势利的好人。

(7)近君子,远小人

当你升职以后,你可以有选择地同一些同事、朋友们来往,做到近君子,远小人。这里所说的小人,是指在事业上不会对你有任何帮助,只是单纯的玩伴的那种同事。但是还有一种情况值得注意:某人提升为部门的经理后,为了显示他没有"升官脸就变",每天下班后仍是和旧日哥儿们喝酒,玩牌。在单位里,也和那些酒肉同事称兄道弟,亲热异常。他的做法令上司很不满意,上司认为这样"不思进取"的人是很难在事业上有所作为的。这一点是一定要注意的。

所以说,避开小人必须在行为界限上把握好,要识别小人,摸清他的喜好和忌讳;言行周密,有备无患,小心提防;关键时刻要多一个心眼,不要上小人的大当。

假如实在没办法必须与小人共事,必须记住:"待小人要宽,防小人要严。"少说多听,不轻易许诺,不轻易褒贬他人,对小人的缺点千万不要批评,没有事不要与小人交往,特别不要到小人家串门,也尽量不要让小人来自己家走动。对小人的要求,能办的一定要办,不能办的一定婉言谢绝,千万不要留下似是而非的话头。对小人要礼而敬之,敬而远之,不去招惹他,更不要与小人开玩笑。须知,小人会翻脸不认人,恼了小人把开玩笑的话当成真的,让你吃不了兜着走。

古人云:小人亦是天地所生,绝无尽灭之理,但当正己,令其自服。尤须虚心,令其自平。一涉矜激,便触出许多不肖来。须知,天下没有不好诱之人,所以谄术不穷。

说明白了,就是自己要正。正身、正己、正思想、正风气,正气凛然,就没有小人的立足之地。上梁正，下梁必正，那檩条、椽子各都归位，钉是钉，铆是铆，各忙各的，没有闲工夫说三道四。鸡蛋没有缝招不来下蛆的苍蝇。君子一身正气，小人没有施展伎俩的市场，他要么转变成君子，要么卷铺盖走人。

　　并不是说做到了以上几点，你与职场中的小人就彼此相安无事了，但至少你可以把小人对自己的伤害降至最低。笔者写这篇文章的目的是要上班族对职场人际关系保持信心，学习巧妙避开小人及小人所设下的陷阱，因为当自己的心情不受小人影响时，日子才会好过一点，也会健康一些，找回工作的品质与效率，拥有上班的好心情。如果不想在职场上当受气包，先认清身边小人的真面目，学会保护自己。

第七章

人在江湖，用微表情说出你的优势

有的人总是在抱怨，为什么自己聪明绝顶，却从来没有得到上司重用；为什么自己勤勤恳恳，而薪水却涨得比蜗牛爬还要慢；为什么自己埋头苦干，有了升职的机会却总也抓不住；为什么自己被炒鱿鱼，却被能力更差的人顶了位子……如此多的问题，其实用一句话就可以回答，一切都源于你不了解对方的心，没有掌握进退之道。

通常人们在听到、看到他喜欢或不喜欢的东西，或者对于自己正在和你说的话感觉不舒服的时候，他的肢体动作往往会有所变化，只是这种变化需要你仔细观察，因为他可能发生在千分之一秒之内。这就需要你培养敏锐的"嗅觉"，善于读懂他们的"微表情"，不但要听他们说了什么，而且要从他们的表情、手势、动作以及看似不经意的行为中揣摩他们的心理，掌握他们的意图，这样才能测得风向、"见风使舵"，为自己的职场航行"导航"。

面试之道
——合理利用微表情勇闯第一关

面试是一种人为设置的人际交流情境，是用人单位和应聘者之间为了增加了解、促进认同而展开的一项活动。对于求职者来说，面试是一道必须要经历的职场关卡。对于一个人的职业生涯而言，所有的面试都是非常重要的，都必须予以高度重视。面试的过程，并不是始于你和面试官之间的相互询问，而是从你进入面试场所的身体语言的交流开始，它将给对方留下第一印象，这种印象往往比你的口头语言更为重要。

1. "我叫不紧张"——放松,提前放松

在一次人才招聘会上,陈云看上了一家公司,虽然规模不大,但专业对口,就填了应聘表,留下了联系方式,而且第二天就接到了那家公司的面试通知。

陈云精心地打扮了一番,在镜子前照了又照,感觉神采奕奕,想必这次面试一定顺利,然后就按照约定的时间去了。

一到那家公司才知道,被通知面试的有好几十号人,名额只有四五个。这让陈云的信心一下子跌到了谷底,因为来面试的人基本上都有本科以上的学历,甚至还有几个是研究生,他只是个专科生,根本没有竞争优势。"既来之,则安之",反正也没希望,索性以松弛的态度来对待。在他之前有好多参加面试的人一一出来了,从旁打听,了解到面试官提的问题相当简单,没什么技术含量。

轮到他的时候,他轻松地走进去,发现有张凳子,犹豫片刻便坐了下来,面对着三位面试官。三位面试官见陈云坐了下来,微微讶异,但也并不多言。坐下之后,他有些随意地把双手叠放在右腿上,双眼平视,整个人看上去十分淡定。陈云心里想:反正机会也不大,轻轻松松应对就行了。他将自己的从业经历娓娓道来,谈到自己的优点毫不夸张,谈到自己的缺点也不掩饰,对于面试官所提出的问题,他也很自如地作了得体的回答。离开时,也没表现出明显的紧张和急躁。

两天后,那家公司又来了电话,通知他复试。他有些惊讶——参加复试的人还不到十个。他疑惑不解,直到顺利进入那家公司之后,才知道真相。原来初次面试时放的那张凳子就是给面试者坐的,但由于很多应聘者太紧张了,站着就回答了面试官的问题。这些人全部被踢出局,坐着的应聘者一律通过。

在无意中陈云达到了面试的最高境界——完全放松、真实地表现自己,你在面试的时候能够保持这样的状态吗?

当一个人完全放松时,会处于一种自在、舒适的状态。处于这种状态的人,生理上的各种机能都会保持最佳状态,也能在别人面前呈现出最佳的精神状态。在面试的时候,这种自然的心理状态,最能够把自己的特长、优点发挥出来。

从另外一个角度说,如果一个人处于轻松、自然的状态,思维会很开放,反应会很迅速,很少会出差错,而且肢体语言也是自然的,能够给别人以舒适的感觉,这是一个人在紧张、拘谨的状态下完全做不到的。这种连贯的思维会让你在面试时表现得更自然,会帮助你更好地组织语言,通过严密的逻辑、连贯的语言说服对方,赢得面试官的青睐。陈云之所以能够完全地展示自己,就是因为他在面试的时候能够收放自如、自然地流露,把坦诚和真实展示给面试官。如果他行为做作、表情呆板、思维混乱,一定不会在对方的选择之列。

如果在面试的时候,不能调节自己的心理状态,身体始终处于紧绷的状态,不管是坐还是站,都会觉得不舒服,甚至连动作都会变得迟钝,表情也跟着变得僵硬,自然就没有办法展现你真正的实力,就算提及你自己的优势,也会给面试官一种弄虚作假的感觉,你的"综合素质"就会大大扣分了。

心理学家说一个人在镜子里的样子更接近他表现出来的状态。从物理学的角度来看,镜像就相当于把自己换了个方位,也就是说,镜子里的样子就是别人眼中的你,你有怎样的表现,都会如实地反映在镜子中。为了找出在哪种姿势的时候你的表情比较自然、坐姿比较舒适,可以通过照镜子的方式进行"彩排",模拟一下面试过程,从中你可以观察自己的表情,调整自己的感觉,改善自己的身体动作,直到调整到最佳的状态,然后你就可以把这种镜子里看到的最佳状态,用到面试中去,一定会为你增色不少。

在和面试官坐着交流的时候,要尽量让自己的身体放松,保持一种比较舒服的姿势。首先,注意穿着得体,不要太刻意。穿衣打扮上整洁、得体,显得本人信心十足、精神百倍即可,不一定非得男的西装革履,女的珠光宝气,否则你的光芒可能会被你的穿着抵消。穿着过于刻意,有可能让自己为了保持形象,无法处于放松、自然的状态,这样反而会影响面试效果。

其次,面试的时候也未必要正襟危坐,你完全可以采取一种自己比较喜欢,又不具有攻击性、不会显得自己过于懒散的姿势,自我放松也能让对方觉得你大方、自然、不拘束,双方的交流氛围也能比较融洽。

最后,要时刻保持整个身体的协调性。坐着的时候可以身体稍微前倾,背部轻轻接触椅背,眼睛平视,保持自然、大方的目光交流,这样可以表现出对面试官所述话题很感兴趣;保持手心向上,以显示你的真诚;同时要保持微笑,但不要让笑容僵在脸上,不要理会面试之前遇到的烦心事,集中精力、专心致志地应对面试;不要东张西望,不要盯着天花板,避免紧紧地抿着嘴唇或把手插在裤袋里,这些身体语言,会出卖你的紧张情绪,让面试官尽收眼底。

人们说镜子是最好的老师。通过镜子,你能看到一个平时看不到的自己,那才是别人眼中真实的你。

要想在面试时,不至于表现得如临大敌,紧张得张口结舌,担心得手足无措,在很大程度上有赖于面试之前的照镜"彩排"。"彩排"的时候,你可以穿上自己准备妥当的全部行头,或站或坐,或对着镜子演讲,尽量想象你正在给镜子里的人面试,并从多个角度观察"他",看看"他"的衣服搭配效果如何,袜子和裤边会不会"走光";"他"是否流露出紧张和慌张的神情;"他"站立或坐下的时候,是抬头好看,还是扬头好看,是正面好看,还是3/4侧面好看;"他"怎样微笑显得更自然、亲切,是不是有挑眉弄眼等不雅的动作;说话的时候表情是否过于僵硬、不够放松等。

经过如此一番分析,你就能够找出自己觉得最舒适、最自然的姿势,在面试的时候就可以把这种姿势呈现给面试官。

英语专业毕业的燕子想应聘一家教育机构的英语教师,就投了一份简历,第二天就接到了面试通知。那天,去面试的有五六个人。由于是第一次面试,燕子感觉到自己的心在扑通扑通地跳,两条腿不听使唤,抖个不停。轮到燕子时,她一进门,双手、双腿和嘴唇就开始神经质地发抖,自己完全控制不住,脸色白里泛青,额头上满是细密的汗。下面坐着的一位主考老师见此情景就皱了一下眉。燕子最终还是走上了讲台，总算凭借着自己的英语底子把十五分钟挺下来了。结果可想而知，燕子没有被录用。对方说："虽然你的英语水平足够高，但试讲的时候，语速太快，下边的学生反映他们听不懂。很明显，你太紧张了。"

半个月之后，燕子又接到了一个面试通知，她激动万分，满口答应一定会准时到。可能是因为激动过头了，面试公司的地址虽然记得牢牢的，面试时间却搞错了，把周一下午四点记成了周四下午一点，就这样一次难得的面试机会又被错过了。后来又有两个面试机会，燕子因为害怕失败，选择了退缩，甚至都没有参加面试。

再后来，燕子又去面试过，每次面试的时候，还没进门就已经脸红出汗、表情凝重、声音低沉了，总是把非常有把握的问题说得非常简短和肤浅，没把握的问题更是语无伦次。于是，她求职总是被拒绝。她想过考研充电，但听说考研复试也需要面试，又放弃了这个念头……

你是不是也和燕子一样，一提到面试就心生恐惧，一进门就两腿颤抖、浑身僵硬呢？

随着就业竞争日益激烈，一个职位多人竞争已经成了很常见的现象。当然这也是用人单位为了选拔出最适合的人才，从而保证招聘质量所作出的必然考虑。面对这种僧多粥少的局面，面试成了决定能否应聘成功的重要关卡。

这种密集型的竞争压力，必然会给那些不够自信的求职者带来重重障碍。其中，有些人会因为一次面试失败，就对面试产生惧怕心理，等下一次面试时，比上一次更加紧张，于是由于面试多次均被拒之门外，就陷入了一种恶性循环；还有些人，平时很少有机会在社会上锻炼，要么就是过于内向、过于腼腆，一到陌生环境，见到陌生面孔，就心生紧张，这些都是产生"面试恐惧症"的基本原因。甚至可以说，每个人都有不同程度的"面试恐惧症"。

从心理学上说，它是因为周围有不可预料、不可确定的因素，导致的一种无所适从的心理或生理的强烈反应。恐惧只是一种情绪，是一种人们企图摆脱、逃避某种情景，但是又无能为力的情绪体验。

对于求职者来说，没有人能知道自己今天的表现是否会被面试官认可，能不能进入下一轮的复试，有没有机会将竞争对手一一击败，把被竞争的岗位"据为己有"。"面试恐惧症"就是这样一种担忧的心理反应。在这种心理反应的副作用影响下，一些面试者会紧张不安，面红耳赤，表情凝重，声音低沉，双腿哆嗦，嘴唇震颤，手心、鬓角出汗，不敢大声讲话，不敢和面试官对视，严重的甚至会产生呕吐、眩晕感。

实际上这是对面试的一种非理性的、不适当的担心和焦虑。毕竟能否入围，充满了不确定性，这种不确定性，让屡战屡败的面试者们一面对这种场合，就会莫名其妙地产生一种极端的恐惧感，甚至会千方百计地躲避这种环境。

今天的竞争如此激烈，每个机会都来之不易，我们应该好好把握，不能轻言放弃。这种对于面试的恐惧，完全是个人自身的原因，要想标本兼治，只能从改变自身下手，通常多经历几次，见多识广了，"面试恐惧症"也就痊愈了。

心理学研究表明，当一个人身处陌生环境的时候，会觉得缺乏安全感，并因此感到紧张不安，甚至是难以名状的恐惧、对抗。对于面试者来说，基本上面试的地点都是比较陌生的，甚至从来都没有听说过。那么要营造一个好的心态，避免自己一进门就表现出恐慌，最好能够提前到达面试现场，比如提前十几分钟，在这段时间里你可以熟悉一下周围的环境。提前到达，可以舒缓紧张的心情，整理一下自己的思路，检查相关资料。从另外一个角度上来说，可以避免面试时迟到，没有人会欢迎没有时间观念的人。

所谓"心病还需心药医"，从根本上说，对于面试的恐惧还是由于自己的心理原因造成的，因此要想彻底有所改观，必须从这个方面入手。

首先，应该淡化成败意识，要有一种"不以物喜、不以己悲"的超然态度。这样你才能在面试中处变不惊。毕竟就算是每个人都很优秀，也不可能全部到同一家公司就职，更何况你的相关条件未必和对方要求的相符；另外，每个人都有自己的审美角度，对一个人来说，你是人才，换成另外一个人，你未必就能入对方的"法眼"。如果只想到成功，不想到失败，在面试中遇到意外情况，就会惊慌失措，这样的表现是绝对不可能被对方垂青的。

其次，应该时刻保持自信，只有始终给自己打气，对自己说"我很优秀"、"我很棒"、"我一定能成功"之类的话，才能够在面试中始终保持高度的注意力、缜密的思维力、敏锐的判断力、充沛的精力，最终获得竞争的胜利。

此外，作为应试者，应该时刻保持愉悦的精神状态，这样面部表情才会和谐、自然，在语言表述的时候才会得体、流畅。反之，满脸愁云，一定会给人一种低沉、缺乏朝气和活力的感觉，给面试官一种精神状态不佳的印象，自然你也就不在备选的范围之内了。

最后，如果你觉得紧张，可以进行深呼吸。在生活中，当一个人不高兴的时候，总是长吁短叹。尽管这种长吁短叹是一种无意的深呼吸，但从心理学的角度上看，它却能够帮助你部分地排解焦虑和紧张情绪。在面试前，你不妨闭起眼睛，连续作几次深呼吸，最好是腹式呼吸，同时暗示自己"我很放松"，来缓和紧张的情绪，放缓快速的心跳，消除身体上的各类颤抖。

"面试恐惧症"会影响面试者的正常发挥，甚至会让你失去工作机会。如果你患上了"面试恐惧症"，靠自己的能力不能及时调整心态，有必要时应接受心理咨询，尽快克服恐惧症状，以便找到理想的工作。

一家外企通知小刘去面试。她穿上新买的职业套装，化了一点淡妆，早早地就出发了。没想到，在上电梯的时候正赶上有人运货，"喀"的一声，她的套裙被刮开了。运货工人满脸通红，不停地道歉，她也不好说什么，可这个样子怎么面试啊！

反正已经来了，索性豁出去了。小刘这样想着的时候就到了面试地点。一坐到沙发上，她才发现扯开的部分完全遮不住里面的打底裤。她连忙用手遮住。负责面试她的是一个外国帅哥，简单地寒暄之后，就开始了自我介绍。面试过程中，小刘总是担心衣服破了的地方会被对方看见，心里着急，有点手忙脚乱的。

外国帅哥做了个手势，让她暂停，问她是不是有什么事情，为什么不敢看他。小刘红着脸一五一十地说了。外国帅哥笑着说："我们可以另约时间面试啊。今天你是放松不下来了，这样，明天这个时候你再过来一趟吧。"

一个眼神，足以出卖你内心的恐惧和不安，在面试的时候你会用眼神"说话"，告诉你的面试官你的真诚和自信吗？

眼睛被誉为"心灵的窗户"，这在心理学界是被公认的。先哲孟子说："存乎人者，莫良于眸子。眸子不能掩其恶。胸中正，则眸子瞭焉；胸中不正，则眸子眊焉。听其言也，观其眸子，人焉廋哉？"就是说，一个人的心理状态，甚至是心底深处的秘密，都能从无法掩盖的眼神里显示出来。

心理学家发现，在人际交流中，语言所占比重为7%，声音占了38%，而眼神和肢体动作所占比重却高达55%，因此可以说，眼神是一种相当重要的交流工具。不管是眼球的转动、眼皮的张合，还是视线的转移速度和方向、眼与头部动作的配合，都会产生奇妙而复杂的眉目语，与别人进行着无声的交流。

在面试的时候，不只是你的嘴巴在说话，你的整个身体都在无声地向外界传递着信息，它不会管你是否愿意，都在泄露你心里的真实想法。特别是眼神，更能够反映你的真实态度。

要想面试成功，你有必要通过眼神上的交流，把你的精神状态、求职愿望、工作动机等如实地反映给对方，让他从你的眼睛里"读取信息"，被你的真诚所打动。相反，如果在和面试官交流的时候，缺少和对方的眼神交流，甚至眼神游离，不能或不敢直视对方的双眼，对方一定会认为你太冷漠或者有所隐藏，或者缺少求职者应该有的对工作的一种渴望和热情，这样的话他又怎么可能放心地把工作交给你呢？

另外，在心理学上，人际交流存在着一个"多看即喜欢"的原则，就是说一个人喜欢谁就会多看谁，在实际的人际交往中，多看对方的人更容易被对方接受。这是一种眼神交流中的回报——其中一方对另一方注视时间长，另一方会反过来倾向于多注视这一方。这是因为，在面试者和面试官的目光沟通中，除了一些非言语信息的交流外，还能够表达对面试官的尊重以及对面试官说话内容的关注和注意。如果对方从你热情而又不失真诚的眼神中读出了你的尊重和诚意,一定会报以同样尊重的态度。

心理学家研究发现,在人际交往中,每个个体在倾听期间会有75%的时间在注视对方,而在谈话期间他们会有41%的时间在注视对方。也就是说,不管是你在作自我介绍的时候,还是在和面试官交谈的过程中,对方都是在注视着你的。对方会根据你眼神中表现出来的气势和语言,对你本人作出判定。

你在说话的时候,一定要保证视线集中,最好能够把目光限定在对方的眼部和面部,以表示你的真诚、尊重和理解,不要只关注自己,更不要不看对方说话,那是怠慢、冷淡、心不在焉的表现。

仰视,一般表示不确定、在思考;俯视,一般表示害羞或认错,这两者都不是最佳的目光交流方式。在看着对方的时候,最佳的方式就是平视,关注面试官的眼睛。这样既可以保持最宽的可视效果,也能够随时观察到面试官的面部表情变化,有助于增加互动、提高问答质量,并给面试官以自信、坚定、坦白和诚恳的好印象。

当你注视着面试官的时候,要注意目光自然而柔和、亲切而真诚,不要目不转睛死盯着对方,那样只能让对方觉得不自在;不要东张西望、左顾右盼,显得心不在焉;不要含胸埋头,显得胆小畏缩、对谈话内容不感兴趣;更不要高昂着头,一副目中无人的傲慢样子,那是自信过头的表现,只能让对方觉得你失礼、缺乏教养。

目光交流,还应该注意眨眼的次数,如果眨眼过于频繁,会让对方觉得你在撒谎或有所隐瞒,进而怀疑你所说内容的真实性,当然也不能超过一秒钟眨一次眼,那等于是在说"你这人真讨厌"、"怎么面试还没完,我等着回家呢",如果暴露出你的厌恶和不感兴趣,面试官同样也会对你心生厌恶。有心理学家经过研究,得出一个结论:目光交流,最佳的目视时间长度是2.95秒,每次相互对视的最佳长度是1.1秒,当然这只是一个理论值,实际中只要注意控制就可以了。

既然是交流,就少不了目光相遇,对视的时候,不应慌忙移开,应当顺其自然地对视1~3秒,然后再缓缓移开,这样才显得你心胸坦荡。如果你一遇到面试官的目光,就急于躲闪,或者低着头摸衣角,一定会让对方猜疑,或者会让对方认为你胆怯、不自信、不真诚。

2. 当微笑来敲门——怎么笑能让对方第一时间喜欢你?

获得2006年奥斯卡最佳男主角提名的美国电影《当幸福来敲门》,取材于真实的故事。

故事的主角克里斯·加德纳事业不顺、生活潦倒,单身带着儿子艰难地生活着,在事业屡屡受挫的情况下,他始终没有放弃希望。

有一次,他好不容易得到了一个面试机会,可因为前一天拖欠税款,被迫入狱。第二天获释的他唯一能做的就是赶到应聘的公司。这时候他连一件像样的衬衫都没有穿。他紧张极了。其中一位面试官问他:"像我们这样的公司,如果录用了一个连白衬衫也没穿的人,你会怎么想? "

面对面试官异样的眼光,他微笑着说:"我想那人一定穿着一条漂亮的裤子。"这出乎意料的幽默,让全场人捧腹大笑。他见气氛稍稍缓和了下来,说:"在门口的时候,我曾经绞尽脑汁地想为今天的狼狈寻找借口,但是我还是想把真相告诉你们,我真的很需要这份工作,如果你能给我这个机会,我相信穿上白衬衫的我也一样会很帅。"所有的面试官都投来了满意的目光。后来,那个面试官告诉加德纳,正是那个微笑打动了他,他想在那样的情况下仍然能保持微笑的人,一定会是个了不起的人。你是否具备这种微笑面对人生的能力? 你的微笑是否具有这种打动人心的穿透力呢?

心理学家埃德·特洛尼克、杰夫·科恩和蒂法尼·菲尔德做过一个关于微笑以及弱化了的积极情感在亲子互动方面所扮演的角色的实验。实验人员要求母亲面无表情地待在婴儿身边,绝对不能微笑。孩子们在实验室里到处移动,当靠近玩具的时候,孩子会看看妈妈的脸,希望得到有关信号,确定什么东西是安全的、好玩的、值得探索的,同时确定哪些东西是最好不要去碰的。但妈妈只能坐在那儿,不能做出任何响应。

实验结果令人震惊:在微笑枯竭的环境下,幼小的孩子不再探索环境,也不再靠近新奇的玩具,不再玩搭积木的游戏。孩子变得烦躁不安、精神失落、行为粗暴、大声哭闹,最后甚至疏远对自己的情况不再理睬的妈妈,拒绝目光接触,最后陷入无精打采、麻痹痴呆的精神状态。

这种现象,对于成年人来说,尽管程度小很多,但情形是一样的。心理学家研究表明,当一个人发现他的朋友神情忧伤,互动得不到回应时,交际往往难以为继。

美国心理学家艾伯特·梅拉比安把人的感情表达效果总结为一个公式:感情的表达=语言(7%)+声音(38%)+表情(55%)。人的表情主要是通过眼神与微笑来传达,因此,应该善用会说话的眼睛和世界上最美妙的语言——微笑,这将为你在人际交往中增色不少。

微笑是最自然、最大方、最真诚、最友善的一种表情,甚至在全世界范围内都通用,以至于有人说“微笑是上帝送给每个人的最珍贵的礼物”。因为微笑里包含着理解和接纳,说明你内心愉快、充实满足、乐观向上、充满自信、不卑不亢、心底坦荡、善良友好、真心待人。

想要被对方优先录用,首先要让对方在第一时间喜欢上你。在面试的时候,保持微笑,会让你产生吸引别人的魅力,使人产生信任感,使对方能够在自然轻松的氛围里跟你交流,对方会觉得你热爱本职工作、恪尽职守,这比单纯的语言描述,更能缩短双方的心理距离,自然就能够帮助你增加面试成功的几率。

俗话说:“面带三分笑,礼数已先到。”面对陌生的面试官,微笑就成了一种无言的问候和回答,它可以成为你与面试官的润滑剂,用来拉近彼此的心理距离、消除因陌生和紧张而产生的隔阂。

微笑最显著的特征就是它富有感染力。相关实验证明,笑得越多,其他人对你的态度就会越友好。当你向你的面试官报以甜美微笑的时候,不管这微笑是真是假,对方一般都会自然地(或者是出于礼貌)回馈给你一个相应的微笑。

科学家通过数据分析,制定出了一套完美笑容的衡量标准,女明星杰西卡·辛普森的微笑成为完美之选。这个完美笑容标准,要遵照严格的数学比例，比如展露笑容时，嘴唇咧开的宽度应达到脸部的二分之一，上、下嘴唇应以脸部中间线为基准对称，尽量少露出牙龈，如果露出，应在2毫米以内。

在现实生活中，不可能不折不扣、生搬硬套地执行这些数字化的标准。标准微笑其实也不神秘，你完全可以对着镜子练习出"六颗牙齿"或者"八颗牙齿"式的微笑。只是要注意：首先，要让你的微笑显得比较真实、真诚、自然，只有真诚、自然的微笑，才能让面试官觉得友善、亲切；其次，你的微笑应该适度、得体，也就是要有分寸，最好是不出声、含而不露地笑，当笑则笑，不当笑则不笑，否则，会给对方留下不好的印象；最后，微笑时，放松面部肌肉，保持目光柔和，眉头自然舒展，眉心微微向上扬起，这种面部表情往往能够体现你个人内心深处的真、善、美，千万要注意，不要让自己的微笑变成假笑、媚笑、窃笑、怪笑等。

3. 领地之"争"——落座之前需要注意的

辞职后的高红卖了一段时间的包，后来觉得自己做生意太累，于是重新开始找工作。一家公司招聘前台，工作轻松，薪水也还可以，她就投了简历。

第二天收到了面试通知，她精心打扮了一番，挎着撤摊前为自己留下的一个漂亮的坤包，来到了该公司人事部。面试她的是一个跟她年龄相仿的女士。可能是因为卖包习惯了没人的时候就坐下休息一会儿，她没等对方让座，就把包往桌子上一放，一屁股坐了上去。

对方笑了笑，没说什么，但看到那个包的时候眼睛一亮。面试的过程很简单，不外乎一些从业经验介绍、薪资问答等，很快就结束了。突然，对方问："你的包在哪儿买的？"高红一听来了精神，聊起了之前的卖包经验，从颜色到款式，从选材到搭配，两个人相谈甚欢。最后，直到有别人来面试，高红才意犹未尽地离开了。

高红满心欢喜地回了家，觉得这次面试肯定会成功，但出乎意料，等了好多天也没消息，打过电话去询问，对方说已经招到人了。

你知道为什么高红没有被录用吗？那是因为她在面试的时候犯了致命的错误——没礼貌地入座和手提包放在了不合适的地方。你是否也有过这种不当的行为呢？

在面试中，恰当运用非语言交流的技巧，往往能够为你带来事半功倍的效果。尤其是在面试开始之初、落座之前，通过一些肢体语言表现出你的良好气质、彬彬有礼，先给面试官一个较高的印象分，往往能够提高整个面试过程的综合评价值。

面试不仅仅是一个应聘者与面试官交流的过程，有时候还会变成一种关于"领土"和"地位"之争的游戏。你应聘一个岗位、申请一份工作，从某种意义上说，相比面试官，你所处的地位应该是较低的一个，那么你在落座之前就应该注意，不要表现出太多的掠夺性、冒犯性甚至是攻击性，比如上述例子中的高红，还没有等对方让座，就毫不客气地坐了下去，这种行为，在对方看来，明显是在挑衅、抢占地盘。

要知道，在对方公司，面试官就相当于NBA球队里的"主场作战"一样，势必要捍卫自己的"领土"或"空间"主权，但他们往往又不能申斥，他们能做的就是降低你的综合评价分值，"故意"不给你这份可能你心仪已久的工作。

小故事中的高红还犯了一个错误——她不应该把自己的包放在桌子上。很多人，特别是女士，在面试的时候都会随身携带一些私人物品，比如挎包、电脑包、雨伞等。在入座之前，你应该给它们找个"家"，最好不要放到面试桌上，特别是一些五颜六色、夺人眼球的东西，除非是一些面试需要的资料，比如个人简历、个人著作、证明材料等，因为一旦你把这些东西放到桌面上，它们就会或多或少地"拐"走面试官的注意力，或者挡住你的视线，为你和面试官的交流制造阻碍。

如果你是面试官，你更愿意和谁交谈——

应聘者A见到椅子，坐下去，身体略向前倾，全神贯注，面带微笑；

应聘者B听到你说"请坐"后轻松地坐下来，面带微笑，跷起腿，不停抖动，两臂交叉在胸前，在屋内四下环顾；

应聘者C听到"请坐",表示感谢,坐在椅子边,全神贯注地望着面试官,等待提问;

应聘者D听到"请坐",道谢,坐满椅子三分之二,上身挺直,全神贯注、面带微笑望着你,谦虚地等待着。

毫无疑问,第一个是不请自坐,显然有失礼数,而第二个的坐姿明显缺乏教养,一定会被率先淘汰出局;后两者可以进入备选之列,但应聘者C的表情过于严肃,有些呆板、紧张;第四个是最自然、最合乎要求的。

现在面试一般都是采取面对面的坐向方式进行,那么你就应该注意落座之前的一些细节,以显示出你的礼貌和教养,用表示尊重的身体语言给对方一个好印象。

面试的时候,入座是有一定规矩的。在和面试官握手寒暄之后,一定要静候面试官请你坐下的示意,不要擅作主张就座,如果面试官忘了招呼你,你可以询问一下是否可以坐下,征得同意后才可就座。

在即将坐下的时候,还应该注意一些可能决定面试成败的细节:

如果面谈地点没有面试官,可以先坐下,等面试官进场后,再起身询问坐在什么位置,不要随便入座;对方请你坐下时,不要表现得噤若寒蝉或扭扭捏捏,应该马上表示感谢,立即入座;

入座时可先走到座位前再转身,然后轻而稳地从容坐下,不要把椅子搞得"乒乓"直响;如果座位的位置不舒服,可以适当地移动,但不要过于剧烈;

如果你不想直接面对面试官,可以调整一下座位的角度或位置,毕竟有时候直视对方,可能让人觉得不太自在,在面试中你只要稍微侧转头能看着对方即可;坐下之前,要为自己留出一个舒适区来,这样就可以在恰当的范围内适当移动,调整姿势,给自己安全感;

要注意调整座位与桌子的距离,太远会影响双方交流,太近会感觉身体像趴在桌子上,给人拖沓的感觉,距离要适合自己,可以根据自己的高矮胖瘦调整至一个最自然的状态;

如果是穿裙装的女士,在坐下的时候还应该注意一点,要用手把裙子向前拢一下,压着裙子坐下去,这样既显得落落大方,又能避免意外

"走光"；

自己随身带的物品，不可放到面试桌上。你可以把公文包、大型皮包放在座位下右脚的旁边或桌子的一边，小型皮包可以放在椅侧或背后，不可挂在椅背上。如果没有面试桌，只有一张椅子的话，你可以双手握住公文包，自然放在腹部位置，稳稳当当地坐着，给对方一种镇定自若、胸有成竹的感觉。

4. 认清结束的"表情"——及时礼貌地离开

美女陈青去一家大型网络公司应聘客服人员。当装扮一新的陈青站在人事经理面前时，她明显地感觉对方眼前一亮。

双方在人力资源部谈了多半个小时，似乎很是投缘。这时候，一个员工走了进来，在对方的耳边耳语了几句，人事经理稍微皱了一下眉，但随即就恢复了正常。陈青没听清楚，只听见了"四点半"三个字。

陈青不以为意，接着讲自己在上一份工作中获得的一些辉煌业绩。人事经理迅速地低头看看表，换了个姿势，继续听陈青讲述。

两个人又聊了十几分钟。人事经理问陈青，还有没有什么其他需要了解的。陈青想了想，说："我还想知道我进来之后，有没有升职的空间？"人事经理迅速看了一下墙壁上的挂钟，随后简单地给陈青介绍了一下公司基本的组织结构和职务设置情况，没等陈青再说什么，接着说："陈小姐，您的情况我们已经有了一个大致的了解，您看这样好吧，我还需要和客服部交流一下意见，如果我们觉得您适合我们公司，会在一周之内通知您。今天的面试就先到这儿，好吧？"

陈青说："好的，谢谢您。"连握手都免了，客气了两句，就出了网络公司。人事经理送走陈青，连东西都没收拾，就小跑着出去了。刚刚那个人是通知他开会的，为什么他总看表呢？那是因为他们公司有规定，开会迟到的都要进行相应的处罚。

不断地看表、变换姿势，说明对方已经想要结束面试了，可陈青就是看不出来。在面试的时候,你能观察入微,适时告辞吗?而且无论时间多么紧迫,在告知之时适当的礼貌也是必须要有的。身为一名客服人员,细心体察客户,礼貌对待客户,都是最基本的素质与能力要求。在面试过程中,陈青没有看清楚结束面试的"红灯",让人事经理在面试时间上一拖再拖,很可能导致他被处罚,不仅如此,在面试结束之后,她连握手告别都省略了,这种欠缺眼力与礼貌的行为,是进行客户服务工作的致命硬伤。因此,十有八九,她的这次面试是没戏了。

通常,面试官认为该结束面试的时候,会利用身体语言给出希望结束谈话的暗示,告诉你今天的面试就到此为止了,对于这种信号,你应该表现出良好的"嗅觉"。

比如说有意地看看手表。尽管人们常说频繁地看时间是一种不尊重人的表现,但在面试的时候往往不是这种意思,它更多地意味着面试官要赶时间,或者已经不耐烦,通过这种动作向你暗示"你已经占用我大半天的时间了"、"你怎么这么没有眼力,怎么一点都看不出来我不喜欢你"、"谈得也差不多了,该走了吧"。

如果面试官频繁地变换坐姿,排除面试官的座位不舒服这种客观因素,只能说明面试官觉得坐着的时间有点久了,因此需要换换姿势,意思是告诉你,他还要面试别人,或者有其他事情等待处理,总之就是希望和你的面试能够快点结束。

还有,比如面试官明显地游目四顾,很少和你有眼神上的交流,甚至干脆将视线转移到窗外或桌子上的盆栽上,或者表现得心神不宁、坐立不安,这些都说明他希望结束今天的谈话了,你最好知趣地停止长篇大论,自然地结束谈话。

话说到这里,还不算是落幕,你还需要为面试画一个圆满的句号,就是注意告辞时应有的礼貌。如果在面试的时候虎头蛇尾,一开始表现不俗,甚至成了面试官的"意中人",但最后离开的时候不拘小节、破绽百出,仍然很有可能丢掉即将到手的机会。

心理学上有一个因效应,是说在人与人的交往过程中,对他人最近、最新的认识会占了主体地位,掩盖以往形成的对他人的评价,也称新颖效应。在面试的时候，一个得体的结尾，即便不能为你的面试增色，也能帮助你掩盖面试过程中可能出现的缺陷，尽管这种最后的印象有很大的片面性和偶然性，但对你面试形象的最后形成大有益处，说不定就会改变面试官最终作出的面试决定。

成功的面试，是有一定的时间限制的，时间太短了不利于全面展示自己，时间太长了会浪费双方的时间。不过谁也没有规定具体的面试时限，谈话时间的长短完全需要根据面试内容而定，一般来说应该掌握在30~45分钟。在这段时间内，双方基本的信息沟通工作往往已经完成，这时候就可以看看对方有没有结束面试的意思，如果有应当及时起身告辞。

所谓的信息沟通工作，包括应聘者的自我介绍、面试官提问、谈论工作（比如工作性质、内容、职责介绍，应聘者介绍自己的工作打算和设想等）、双方谈及福利待遇问题等。这些谈完之后，你可以主动作出告辞的姿态，不要盲目拖延时间，等着面试官下"逐客令"。

当然了，一般情况下，面试官出于对应聘者的尊重以及对自身及本单位形象的考虑，在面试话题基本完毕之后，会使用间接、委婉的方式作出结束面试的暗示，比如"我很感激你对我们公司这项工作的关注"、"你的情况我们已经了解了。我们一作出决定就会立即通知你"、"感谢你参加本单位的面试，希望你对我们的面试工作满意"、"你的表现非常精彩，给我们留下了深刻的印象。对于这次面试，你还有什么问题吗"、"我们会仔细考虑你的情况的，很高兴认识你"，听到这些话，你就应该识趣地起身告辞了。

面试结束，并不是说你就可以站起来急急忙忙离开，你还应该注意结束时的礼节，这也是对方考察录用你的一个重要砝码。首先，面试结束时，最好微笑着交流几个轻松的话题。你应该面带笑容地感谢面试官花时间接待你，比如"非常感谢您给了我这次宝贵的面试机会……"然后不失时机地起身告辞；起身时动作要缓，但不要拖泥带水、弄响坐椅。其次，你应该带好随身携带的物品，在出去之前要转向屋内，边点头边转身退出，并关上门，一定不要表现出浮躁不安、急欲离去的样子。不过要注意，在道别的时候不要整理个人物品,那是一种极不礼貌的行为。走出办公室,不能马上在走廊等地方打电话,更不能无精打采地走出对方的办公大楼,而且对于曾经接待过你的秘书、前台等应点头示意、表示感谢。

另外,在面试结束的时候,就算你如何热切地盼望得知面试结果,也不要急于追问。毕竟对方可能需要交换一下意见,甚至排列一些优劣顺序,才能作出取舍。这个时候追问,毫无意义,反而会弄巧成拙,让面试官心生反感,产生抵触情绪。

进退之道
——读懂上司微表情掌握职场风向

作为下属,少不了和上司打交道,比如报告工作进展、提出工作申请、传递上司指令等。在很多时候,上司未必"言无不尽",而是有所隐瞒的,甚至有些事情是难以言明的。

1. 透过上司头部动作——了解上司对你的态度

销售部的徐经理拿着一摞上个月的绩效考核表,走进了和总办公室。和总一皱眉:"怎么这么多?"徐经理连忙道歉,说:"和总,是这样的,上个月小刘走了,这回只有我跟老张统计表格,人手不够。其实,还有一部分没有统计完呢……"

和总"嗯"了一声,接过绩效考核表,看了起来:"为什么上个月那么多人请假?我们不是有规定吗,每个部门同时请假的人不准超过三名,你看看,财务部一共才五个人,上个月十五号就有四个人请假,难道你不知道吗?"

徐经理有些冒汗了:"这个,是这样的,当时情况有些特殊……"

　　和总摆了摆手,接着看表。看到最后,是一张招聘申请和指纹打卡机添置申请。"你刚刚说你们部门缺人手是吧?"徐经理点头说是,最近有些忙不过来,因此才提出来招聘一名文员,协助他工作,还有之前的打卡机有些不太好用,想干脆换一个指纹识别的。

　　和总仍然看着报表,点了好几下头,表示同意,然后把报表给了徐经理,让他整理好再送过来。"和总,打卡机要换吗?"徐经理问。和总低头想了想,说:"可以换,我直接跟财务打个招呼就可以了。"

　　徐经理出了和总办公室,长出了一口气。可半个月过去了,不见人力资源部的人找他来商量招聘文员的事,也不见有人去买指纹打卡机。徐经理一头雾水:这和总在打什么算盘?他不是明明都答应了吗?

　　你有没有遇到过类似的情况,貌似上司总是"出尔反尔",实际上,真的是这样吗?你真的察言观色,了解了上司真正的态度和想法了吗?恐怕那只是你的一厢情愿而已。

　　上司们真的如所猜测的那般出尔反尔、捉摸不定吗?未必。就如上面的徐经理,如果仔细观察和总的头部动作,而不是把心思全放在听上司怎么说,从上司的表面动作上,就能了解一些端倪。那么,和总的真正意思又如何呢?

　　首先说点头的动作。

　　曾经有行为心理学家专门对先天盲、聋、哑的人作过研究,发现他们也用点头表示肯定,最后得出了一个"点头天生论"。但是,如果在两个人的谈话中,一个人点头过于频繁,比如对于对方的一句话、一个观点,像和总那样,频频点头,超过三次,很可能就不再意味着他同意或赞成这个人的观点,很可能已经暗暗地表示出了他的不耐烦或否定的意味。尤其是当点头的动作与谈话的情节不符的时候,更能说明他根本就没有在认真、专心听你说话,或者他在刻意地隐瞒着什么。因此,对于点头的动作,应该在察言观色之后再作定论。

　　另外,再说言行不一的表现。

　　如果你在征求上司的意见,想知道对方是否同意,比如徐经理问和总的"打卡机要换吗",一定不要把注意力只放在他说了什么上,还要仔细观察在他回答时,头部自然流露出来的动作与他的回答是否一致。

当他表示同意你的观点、接受你的建议、答应你的申请时,注意观察他的头部动作,如果他的同意、接受、答应是发自内心的,也就是说所持的态度是肯定的,他会伴有微微点头的动作,这时候你就可以对他的回答抱以信任。如果他在肯定地回答你时,没有点头示意,与和总一样"低头想了想",甚至伴有摇头的迹象,基本上可以判定他是口是心非,那么对他的回答就不要抱有太高的期望了,他的肢体语言已经本能地流露出了他的否定态度。

头部的动作,也叫首语,类型比较简单,但是很重要,因为这些动作与肢体语言、面部表情相比,更容易被人忽视,而且往往伴随着一个人的说话不自觉地就发生了。

在人际交往中,最普遍的头部动作有两种,即点头和摇头。行为心理学家通过调查和研究证明点头表示肯定是天生的,摇头表示否定是后天习得的,但这两种头部动作的基本含义在人们的潜意识中已经根深蒂固了,不管人类的智慧进化到多么高深的程度,这种骨子里的东西不是想有意掩饰就能做到的,可以说无法根除。基于此,在面对上司的时候,观察上司对某件事情是持肯定态度还是持否定态度,就有了观察判断的基本依据。

点头的动作一般是用来表示肯定或者赞成的。由于身体语言是人们的内在情感在无意识的情况下作出的外在反应,因此,当上司怀有积极或者肯定的态度,说话时就会由衷地点头作出一些暗示。

摇头的动作,通常表达"不"的意思。如果上司对你的意见表示赞同,并且努力想让这种赞同的态度表现得诚实可信,你不妨观察一下他在说这些话的同时,有没有作出轻微的摇头动作,如果他一边说"我非常认同你的看法"、"这个提案听起来棒极了"、"我明天就安排人去做",一边轻轻摇头,那么不管他说得多么真诚,都折射出了他内心的消极态度。如果你足够聪明的话,最好留个心眼,别天真地信以为真。

说话的时候把头部向一侧倾斜,甚至露出了喉咙和脖子,相比来说,女性比男性更容易摆出这种造型,这是一种让人看起来比较弱小、顺从和缺乏攻击性的行为。如果你的上司有如此的表现，歪着头，身体前倾，手支撑着脸颊，做思考状，那么你就可以确信你所说的话具有相当的说服力，他已经在认真考虑你的提议了。

有的人在说话的时候，喜欢仰起头。如果你的上司有这样的头部动作，一定不能掉以轻心。一般来说，仰头暗示着高贵和自命不凡，或者在不自觉地强调某种自身的优越感，这意味着你们之间的对话是不平等的，他可能会对你的提议比较排斥，甚至是轻视。

还有一种情况，就是一个人在听别人说话的时候，会低着头，甚至把手臂交叠放在胸前。这种压低下巴的动作，往往意味着否定、审慎或不接纳，甚至是具有一定的攻击性。比如，前面案例中的和总在同意徐经理提出的要求之前"低头想了想"，其实已经是在表示否定了。通常，人们在低着头的时候往往会形成批判性的意见，因此只要你的上司在面对你的时候，不愿意把头抬起来或者向一侧倾斜，那么你就该明白对方不想理会你的提议，最好趁早打消继续说服的念头。

最近，宁宁一天到晚总是显得心事重重、无精打采。24岁的宁宁，在一家广告公司做策划。她艺术天分很高，在面试的时候就获得了公司老总的高度评价。平时的她脑子里新点子、新创意总是层出不穷，因此在同事眼中，她就像一颗冉冉升起的新星，等待着星光耀眼的那一天。照此发展下去，一旦她的天分被充分激活，她在这个行业里将会很有前途。可现在，她丝毫也不敢这么想了。她不断地自怨自艾，在心里哀叹："我怎么搞成这个样子，哎，完蛋了！"

事情是这样的。四十几天前，公司接手了一家大型网络游戏公司的推广业务。公司老总对这笔大单特别重视，在公司内部广泛征集策划方案。宁宁觉得自己的机会来了，如果能够采用自己的方案，随之而来的不仅是薪水的增加，还会有职位的提升。为此，她跃跃欲试。用了两周左右的时间，精心设计了一套自认为很好的方案。

这天公司召开了方案会。公司老总亲自主持，各个部门的领导全员出席。前面有几个人都介绍了自己的方案，看上去老总似乎都不太满意，终于轮到她了。可能是太想成功，或者是因为太紧张了，口才一向不错的她竟然在老总面前,忽然变得笨嘴拙舌,根本表达不清自己的意思。

老总低头看了看她提交上去的方案,然后抬起头,目光友好、坦率,而且带着微笑看着她,眨了眨眼。这一看不要紧,她觉得这是在嘲笑自己无能,顿时脑子里一片空白,更加慌张,把剩下的内容说得七零八落。

如宁宁事后所料,她的方案果然没有被采用。她无比懊恼,觉得自己的完美形象全然被摧毁了。这之后,只要遇到老总,她再也不敢正视老总的眼睛,总是躲躲闪闪的。公司的例会,她总是找借口不参加,就算参加,也只是躲在角落里。很多时候人们都会主观臆断,然后妄自菲薄,会因为过度紧张和敏感而把别人的积极态度理解成别的意思。比如宁宁,她真的理解了老总眼中的深意了吗?

德国著名心理学家梅赛因认为:眼睛是了解一个人的最好工具。一个人的语言可以说谎,一个人的穿衣风格可以变化,但眼睛所反映出来的细微差别却是难以隐藏的。不管一个人的心里正在打什么主意,他的眼睛都会立刻忠实地告诉别人,他现在想的是什么。在和上司打交道时,如果你能细致观察他的眼神、目光,就能够洞悉其内心世界。

这种通过眼神、目光深入他人内心的能力是人类独有的。在所有的灵长类动物中,只有人类的眼睛在瞳孔之外还有眼白,生物学上称之为巩膜。正是由于巩膜的存在,让人们可以观察到目光的变化,从而帮助人们互相理解和交流。

眼神就是内心活动的一面镜子:为人正直、心胸博大者,眼神明澈、坦荡;为人做作、心胸狭窄者,眼神狡黠、阴险;志怀高远者,眼光坚定;为人轻浮者,眼光游离;善于克己者,眼神内敛;心存贪婪者,眼神暴露;自信者,眼神坚毅;撒谎者,眼神不定;健康、精力充沛者,眼睛明亮有力、转动灵活、目光清晰;疲惫不堪者,眼睛乏力无味、目光呆滞而混浊;积极乐观者,眼睛充满笑容,善意十足;消极厌世者,眼睛下拉,不善与人眼神相接。

以上面公司老总为例,他在与宁宁的交流中,"目光友好而坦率",而且"带着微笑"、"眨了眨眼",这表明他很欣赏宁宁的能力,宁宁的方案令他高兴,他原本想通过自己的眼神和微笑鼓励宁宁继续说下去。然而宁宁却误解了其中的深意，以为老总盯着自己，是在审视自己、怀疑自己，还把老总的微笑理解为嘲笑，并由此导致了一系列的不自信行为，进而变得消极、悲观。

在和上司的交往中，对他的言语、表情、手势、动作以及看似不经意的行为有较为敏锐、细致的观察，是把握其真正意图的先决条件，如此准确地测得"风向"才能适时"见风使舵"。

如果你想有意地、主动地从眼神中透视上司的心态，就必须掌握一些技巧：

上司在和你说话的时候根本不看你，甚至头也不抬。这对你来说可不是什么好兆头，这往往意味着他轻视你，认为你能力不足，你的提议不值得他思考。

上司从上往下看你，这表明他这个人喜欢支配人，甚至有点高傲、自负，通过这种眼神能够表现出他自己的一种优越感。

你在汇报工作、提出方案的时候，你的上司久久地盯着你看，说明他期待你提供更多、更详细、更全面的信息，从他的角度来说，可能他对你的印象还不够完整。

你的上司总是表现得目光锐利，保持同一个表情，眼睛里就像有两把利剑一样，这是一种权力、冷漠无情和优越感的显示，同时也在向你暗示：你可别想欺骗我，我百分之百能看透你的心思。

上司偶尔往上扫一眼，跟你目光相接之后又往下看，并且多次重复这个动作，说明他对你还吃不准，也就是说还没有完全相信你。

你的上司在谈话进入正题的时候，时而移开视线看向远处，表示他根本不关心你在说什么；如果他的眼睛突然变得明亮起来，说明他对你所说的话产生了兴趣。

上司眼神灰暗，很可能是发生了什么不顺心或意外的事情，扰乱了他的心绪。

上司眼神闪烁不定，很可能是心里正在为某件事情担忧，但又无法真正坦白地说出来，可能他心里有一些自卑、失落，或者是不想告之实际情况。

上司连续眨眼,表明他此时此刻的心情难以控制,但正在极力抑制;如果他眨眼速度较慢,幅度较大,意思是他不敢相信他的眼睛,所以要大大地眨一下以擦亮它们,确定他所看到的是不是事实。

上司目光投向侧方,眉毛微微上扬或者面带笑容,表示他比较感兴趣;如果斜视的目光伴随着压低的眉毛、紧皱的眉头或者下拉的嘴角等动作,则表示了他猜疑、敌意或者批判的态度。

2. 根据上司手势——判断他的真实想法

一个销售季度过去了,总经理组织销售部门全体职员开会。一开始,总经理总结了上个季度公司的销售业绩和销售利润情况,对销售部上个季度取得的成绩给予了高度表扬,还当场给"销售冠军"们发放了奖金。

这些仪式过了,总经理定了定神,稳稳地坐在主席台中央,十根手指交叉钳在一起,放在了桌子上,表情看上去有些严肃:"当然了,虽然我们在销售上取得了一定的成绩,但是也要看到一些不足。比如说,这个销售季度仅仅前两个月的差旅费就超出了预算,同期相比,增加40%多,以后应该注意控制一下。还有,虽然我们的销售额很高,但利润却下降了三个百分点,据我了解,是有个别人私自给客户打了过低的折扣,我希望这种事情以后不要再发生,下一个销售季度,我希望通过我们的努力能够把这个销售季度的损失弥补回来……"

销售主管一边听,一边心里合计着下个季度怎么提高销售额,并迅速拟订了一个新的营销计划,会后交给了总经理。总经理表示满意。

一转眼又过了一个销售季度。这次的销售利润大幅度上升,不仅弥补了上个销售季度的损失,还超额完成了任务。但差旅费不仅没有得到控制,反而水涨船高地又超出10%的预算。当销售主管把报表递交上去的时候,总经理又摆出了上次开会的姿势,脸上表情十分僵硬,两手的十个手指死死地钳在一起:"这个差旅费的事情是怎么搞的,这么点小事你都管不住吗!从下个月起,取消差旅补贴!你出去吧。"

销售主管一边走一边想：总经理这是怎么了？以前我们差旅费经常超支，从来没有说过什么，怎么今天发这么大火呢？不要对上司暴风骤雨一般的批评感到"丈二和尚摸不着头脑"，怪上司不近人情，怪只怪你平时只用耳朵听上司说了什么，没有用心观察上司的体态语言流露出来的真实想法。比如总经理所作的手势，你知道代表什么含义吗？

心理学家研究发现，与说话相比，手势能携带更多的信息，传递更为丰富和精准的情绪体验。而且，与口头语言相比，手势更难"造假"，人们可能一张嘴就是谎言，但一个人即使再怎么极力掩饰，他的手势也会悄悄地泄露他的内心情感和心理状态。就像心理学家西格蒙德·弗罗依特说的"没有一个凡人能不泄露私情。即使他的嘴唇保持沉默，但他的指尖却会喋喋不休地泄露天机"。

那位总经理所摆的姿势，是典型的交叉型手势，就是一种将两手的十根手指相互钳住的动作。如果再加上僵硬或严肃的表情，往往表明这是一种受挫的姿势，表示这个人正在压制某种负面的态度。很显然，在上一次的销售会议上，总经理已经在表达他的不满了，但销售主管却没有注意到，到下一个销售季度的时候，他的怒火已经累积到了一个极限，是一次总爆发，怪就怪销售主管不懂总经理的"手语"。

当然了，这种十指交叉的姿势，如果配上满脸的微笑和两个拇指相互摩擦的动作，表示的意思就大不相同了，它表示这个人胸有成竹，非常有信心，这时候这种姿势就成了一种积极、正向的身体语言了。

一些研究认为，手势可以有效地反映情绪。当一个人情绪非常饱满，想要传达的信息非常强烈时，口头语言本身已经不足以携带全部的信息了，这时，手势就能很好地帮助他传递这些信息，甚至慷慨激昂的时候，人们会挥舞手臂；义愤填膺的时候，人们会攥紧拳头。因此可以说，手是人的第二张脸。交谈时，使用频率最高，形式变换最多，最有表现力、感染力、吸引力的，就是手势语言。

从生理学的角度上来说，当一个人产生一定的情绪体验时，身体的交感与副交感神经系统都会随之发生变化，引发激素水平发生相应的变化，从而引起躯体产生细微的、不自主的运动。

　　手势语是一种表现力极强的体态语,它能够弥补口头语和表情语表达的不足。它具有描绘事物、传递心声、披露感情、加强口头语言力度和组织指挥等功能。在和上司沟通交流的时候,只要对他的手部动作稍加观察,就能明了他的观点和态度。

　　有些上司特别喜欢在说话的时候将手背到身后握在一起,并伴有抬头挺胸、下巴微微扬起的动作,特别是在检查工作或面对下属的时候。这种姿势不管从哪个角度看,都能给人营造一种权威、自信的感觉。这是因为这一姿势总是与权威、信心和力量相伴。

　　但是背在身后的双手,一只手抓住了另一只手的手腕,这个动作表示他内心充满了挫败感或愤怒情绪,希望能够借此动作来找回自控权。而且握住另一只手的那只手抓握的位置越高,表明他心中的挫败感或愤怒情绪就越强烈。

　　有些人喜欢在说话的时候搓手掌,根据行为心理学家研究发现,两个手掌摩擦传达的是一种美好的希望,比如上司在宣布年度销售业绩突破几百万大关的时候,往往会不自觉地搓搓手掌,这代表了他发自内心的喜悦。还有一种情况,如果上司对一件事情犹豫不决,也会互搓双手,只要你站在上司的角度略加思考就能清楚不同情境下搓手代表的不同含义。

　　很多人在听别人说话的时候喜欢一只手托着腮,这种动作其实是一种替代行为——用自己的手代替母亲或是情人的手,来拥抱自己、安慰自己。这种姿势一般在心中不满、心事重重的人身上出现,借此填补心中的空虚与不安。如果你发现和你说话的上司,托着腮听你说话,往往表示他觉得话题很无趣,你的谈话内容无从吸引他,或者他正在思考自己的事情,希望你听他说话。

　　有一种人,说话的时候总是比手画脚的,甚至打电话的时候都会如此,而且动作幅度大,行为夸张,这种人通常感情丰富,心中有事不吐不快,总是急于表达自己的情感,宣泄自己的情绪,是那种个性比较强的人。他们工作能力强,对自己想说的话、想做的事都能通过流畅的表达,轻松地传达给别人,办事的成功率比较高,能够带动他人和自己一起往前冲,是创造活跃气氛、让大家团结一致的高手。

竖起拇指通常被看成是高度自信的非语言信号。当一个人将拇指高高竖起时,表明他对自己的评价很高,或是对自己的思想或现状非常自信。通过这个动作,你能有效评估你的上司的状态——是自我感觉良好,还是在苦苦挣扎。

张开的手掌从来都是代表真实、诚实、忠诚和顺从的。因此,要想了解上司的态度是否坦诚,只要看看他的手掌就行了。当他想表示自己的坦率和诚实时,会把一个手掌或两个手掌向对方摊开,这往往是一种下意识的动作,能够表明他对你是完全开诚布公的。

谈话时看准上司姿势里面潜藏的秘密

销售经理被高总一个电话叫到了办公室。高总先让销售经理坐了下来,然后询问起了最近一段时间的市场推广情况。由于最近一段时间销售业绩一片大好,销售经理说起营销来,眉飞色舞。

正在这个时候,高总话锋一转,身体往椅子上靠了靠,两臂交叉抱在胸前,问起了接待费用的事情,上次安排给销售部的接待费用怎么会多出两千多元。销售经理说没有多,那些完全是按照贵宾接待标准安排的,而且都是实报实销,这在财务部都有账目可查。

高总点点头,下意识地摸了摸脖子,说:"有账就行了——这样吧,后天上午你把下个月的营销计划拿给我看一下吧。"销售经理答应着出了高总办公室。

等销售经理出了办公室,高总把电话打到了财务部,请财务主管过来了,仔细核对后,发现账目有一点不太清楚。其中有一项没有写清楚具体的内容,却多支出了两千块。高总让财务主管安排人追查。后来从公司安排接待的宾馆工作人员那里了解到,销售经理安排了泡温泉、打保龄球等活动,后来取消了,但要了发票。多出来的钱,进了销售经理的腰包。

销售经理把营销计划拿过来的时候,高总把这件事暗示给他。他终于承认了。最后他不仅受了处罚,还把那两千块钱拿了出来。很明显,高总说话时的那些肢体动作,比如摸脖子、抱起双臂等,已经表明了他对销售经理的怀疑，只是销售经理还在抱着侥幸心理，不想承认。如果他能从上司的言行中发现对他的不信任，主动坦白，高总一定会本着"坦白从宽"的态度对待。

由此可见，在说话的时候，看准上司姿势里透露出来的深意多么重要，那么，你具备这种洞察力吗？

莎士比亚说："沉默中有意义，手势中有语言。"想了解一个人的真实或全部想法，就不要只关注他说了什么，而是要更加关注他是怎么说的，也就是要细致观察他说话的时候表现出来的肢体语言。

很多时候，人们会通过自己手部的一些无意识的动作，向交流的另一方表达特定的意义，比如把手轻轻地搭在对方肩上或胳膊上，以表示亲密；伸开双臂拥抱对方，以表示喜欢或安慰。上面小故事中的高总，在说话的时候就通过不自觉的手部动作，暴露出了他的真实想法，比如高总摸脖子的动作，就是一种典型的强迫行为——人在撒谎的时候常常会摸脖子，除非是他的脖子有病或者发痒。只是销售经理不善观察肢体语言，因而错过了"坦白"的最佳时机。

再有就是肢体动作，包括行走、站立和坐卧过程中的所有动作姿态，比如行走时的速度是快是慢，还是蹦蹦跳跳；站立时双臂是交叉抱在胸前，还是背在身后；坐着的时候是靠在椅子上，双腿是平放还是跷起二郎腿等。比如说，高总双手紧紧抱在胸前的动作，通常表示对方对你具有防范心理，不相信你，或者是将你拒之门外。如果你在和上司交谈的时候，发现他用手敲桌子、摆弄手指或摆动手臂，就应该反思自己的言行是否有令上司感到不满或厌烦的地方，然后就要特别注意了。

如果你注意观察上司说话时的姿势，就能从中体会出他的真实想法。在你和上司谈话的过程中，如果上司接纳你、认同你，他会不自觉地咧着嘴笑、摊开手掌、双眼平视，并微微点头示意。如果上司愿意同你讲话，他的身体会略微前倾，不是像高总那样死死地靠在椅背上，他会手托着脸、全神贯注地听你说话。如果你发现上司在听你说话的时候，高抬着下巴、抬头挺胸、腿脚不停抖动、双臂交叉于胸前或者交握放在后脑勺、笑的时候紧闭双唇、眼睛不看你而是直视地面、眼睛眯成了一条缝，这些都不是正面的信息，说明他对你厌恶、愤怒、不欣赏、不相信。如果你不能拿出有力的证据来让他相信，最好不要再继续谈下去，如果你有所隐瞒，最好和盘托出。

其实在和上司交谈的过程中，那些需要加以注意的肢体语言，既是针对上司的，也可以是针对你自己的。就上司而言，应该及时留意他的肢体语言，并作出正确的判断，在此基础上才有沟通的机会。就自身而言，应该尽量避免类似的消极肢体语言，利用有效、积极的肢体语言和上司沟通。

你可以从上司的头部、肩部、手部以及腿部等部分的动作进行分析，来了解上司的肢体语言所隐藏着的含义。

首先是头部姿势。上司的头侧向一旁，说明他对你们的谈话有一定的兴趣；上司始终保持着头正颈直的姿势，说明他对你持中立态度，既不完全否定，也不完全相信；上司听你说话的时候，低下了头，说明他对谈话不感兴趣或者对你持否定态度。

其次看肩部姿势。上司双肩舒展，说明他有决心和责任感，此刻处于比较放松的状态；上司双肩下垂，说明他心情沉重，感到压抑，甚至对你失望到了极点；上司双肩高度收缩，基本上说明他正在气头上，此时此刻，你千万别火上浇油，说一些让他更加失望、更加愤怒的事情；上司双肩高耸，说明他正处于惊恐之中，此时你最好能够说一些安抚、宽慰的话，帮助上司舒散心中的不快和惊恐。

再次看手部姿势。上司的手指交叉在一起，而且手心朝上，说明他精力集中、果断和有几分优越感，也说明他对你比较放心、坦诚，他也希望你能够像他一样毫不隐瞒；上司用手搔耳朵、触摸脖子，说明他对你所说的话持否定或怀疑态度，已经不想浪费时间再听你说下去了；上司用手指敲击桌子或者用脚敲击地板，说明他此刻很无聊或不耐烦；上司用手托腮、食指顶住太阳穴，说明他在仔细斟酌谈话内容；上司说话时双手叉腰，说明他对你所说的话十分反感，如果你再继续说下去，有被赶出办公室的危险；上司一边听你说话，一边做别的不相干的事，说明他心里不同意你的观点，但因某种原因没有办法讲出来。

最后看腿部姿势。上司说话时跷二郎腿,两手交叉在胸前,肩膀收缩,说明他已经深感疲惫,对你所说的事不再感兴趣;上司叉开腿站着,说明他对自己的想法有些不自信,因此显得有些不太自然;上司站着的时候收紧脚踝,说明他正处于盛怒之下,正在千方百计地控制自己不爆发出来。

如此通过肢体上的"立体语言"识别了上司的真正心理,就可以采取相应的措施,比如转换话题、安抚上司、弥补过错,避免和上司之间发生矛盾,甚至能够帮助上司解决问题。

摸清上司习惯动作的含义

一个人的个性是稳定的心理和行为特征,它可以表现在一个人的生活、工作和人际交往的各个方面。所谓"习惯成自然",在一些习惯性的细小动作中,往往会显露出他的真实性格来。如果你留心观察,就可以从他平时的待人接物、一举一动中准确判断出他这种行为的背后含义,准确把握他的个性,就可以提高你在职场上的交往能力和处世技巧。

如果你的上司喜欢说话时摇头晃脑——放心,他绝对不是吃了"摇头丸",也不是得了"疯牛病",恰恰相反,这说明他这个人特别自信,以至于经常处于一种唯我独尊的状态。他也会请你帮他,但很多时候就算你做得再好,也不一定能让他满意,因为他有自己的方式,对他来说,只想从你做事的过程中获取某种启发。

如果你的上司动不动就拍打头部——这是一种向你表示懊悔和自我谴责的动作,他没有把你的事情放在心上,但又不能向你道歉,于是就做出了这种动作。如果他拍打的部位是脑后部,往往说明他这个人不太注重感情,甚至对人苛刻,但另一方面说明他对事业比较执著,具有相当的开拓精神,尤其是对新生事物具有较强的学习精神,而且心直口快,为人坦率、真诚,富有同情心。他这个人往往喜欢帮助别人,替别人着想。

如果你的上司是一个边说边笑的人——并不表明他这个人"笑神经"特别发达,而是表明他性格开朗,具有"知足常乐"的人生态度,而且富有人情味,不管走在什么地方,总能获得极好的人缘,只是他比较喜欢平静的生活,缺乏一点积极向上的精神。

如果你的上司只要一动嘴,就少不了手部动作——好像是要强调他说话的内容一样,表明他做事果断、自信心强、踏实肯干,性格比较外向。这类人对朋友相当真诚,只是他不轻易把别人当成自己的知己。

有的人交谈的时候喜欢抹一下头发——不是说他想特意秀一秀发型,即使只有他一个人也会这样做。这类人大多性格鲜明、个性突出、爱憎分明,尤其嫉恶如仇。他们很善于思考、做事细致,而且喜欢拼搏和冒险,不在乎事情的结局。

有的人特别喜欢说话的时候动不动就把自己的手指掰得咯吱咯吱响,这类人通常精力旺盛,就算得了重感冒,一提到他最喜爱的活动,同样会从床上爬起来。他们很健谈,而且喜欢钻"牛角尖"。这类人对事业、对工作环境很挑剔,如果是他喜欢干的,他会不惜代价而踏实努力地做好。

如果你的上司无论在何种环境下总是腿脚抖动个不停,甚至用脚尖拍打脚尖或者地面——说明他比较自私,很少考虑别人,凡事从利己主义出发。但是这类人比较善于思考,他经常会提出一些让下属们意想不到的问题。

如果你的上司谈话时死死地盯住你,把你盯得颤抖——不代表他"看上"了你,往往说明他这个人支配欲望特别强,而大多数的时候他们确实有某种优势,只要有机会,就会向你显示自己。这种人不喜欢受约束,喜欢我行我素。

3. 如何洞察上司对自己的信赖度——不是所有甜点都加糖

刘雯刚毕业就进了现在的公司,职务是经理助理,一干就是三年,在这段时间内她的工作量不断增加,已经成了经理的左右手。经理分管着销售与生产两大部门,每天都忙得团团转。很多事情自然就落到了刘雯头上。除了一些大的决策,大大小小的工作都要由刘雯处理,经理对她的工作态度和工作能力非常满意。

他们公司的产品全部通过代理商经销,经理的亲戚也是代理商之一,而且做得很好。好景不长,慢慢地有些人认为刘雯是因为上司的关系,才有这样的结果。不久,公司内部进行调换,该经理被外派出去了。工作由副总接手,刚开始的时候,副总对她的工作很肯定,对她的态度也不错,她的工作量又增加了不少。

有一天,副总亲自找她谈话。刘雯在副总对面坐了下来。副总抱着胳膊、端着肩膀身体向后仰,靠在大大的办公椅上:"小刘啊,你知道公司一直很看重你,觉得你是个人才,所以呢……"刘雯知道他是想从她口中找出一些原上司的问题,便说:"蒲总,我只负责产品的进、销、存的数量,货款跟价格的事情我不清楚,但是只要是经过我手的事情我都是按照公司制度办理的,从来没有做过对不起公司的事情。"副总咧着嘴干笑了几声:"呵呵,小刘啊,你误会了,对于你呢,我还是很相信的,我也是按公司规章制度办事嘛,你说是吧。"

过了一段时间,突然财务部的人来查刘雯所有的往来账目。好在刘雯早就知道公司有人暗中作祟,保存了所有相关凭证,结果查了半天什么问题都没有。

不久之后,公司新招了一个员工。在重新分配工作的时候,把刘雯手上与销售有关的工作都转给了那个新员工,分配给她的都是一些琐碎的事情,比如浇花、倒水、整理文件等。刘雯由一个经理助理变成了打杂的。明眼人从副总和刘雯谈话时的拒绝性动作和一脸的假笑就能看出新上司是不信赖刘雯的,你有没有遇到过类似的信赖危机?那么,如何知道上司对自己真正的态度呢?

美国著名的职业培训专家史蒂文·布朗提出了一个发人深省的观点:上司和下属之间总是有着业务上的关系。不管你和上司的关系多么密切,不管你愿不愿意承认这种观点,上司之所以选中你作为他的手下,一定是出于公司业务上的需要,而不是他人际交往和生活娱乐的需要。

为了让下属时刻保持工作激情,上司有必要采取一些激励手段,一般来说，激励手段主要分为物质上的和精神上的，但相对而言，精神层面的激励，更能激发一个人的责任感和积极性。上司经常说的诸如"你和他们不一样，你是我的心腹"、"这里的一切全交给你了"、"我最信赖你了，好好干，我是不会亏待你的"这样的话，就是他们常用的笼络员工的言辞。这种渗透着个人情感的言辞就像"甜点"一样，对于迫切希望深得上司信赖的下属来说，简直诱惑十足。

但是，如果你以为这些"甜点"都是加了"糖"的，对这种言辞一概信以为真就大错特错了，你一定要分清楚哪些是加了"糖"的，哪些没有。作为下属，应该谨记这种甜言蜜语很多时候只不过是上司用来麻痹你的"糖衣炮弹"。

不相信一个人，往往是无法用言语来说明的。因为没有哪一个上司，会明确地告诉下属"我不相信你"，因此你应该学会从上司的一言一行、一举一动中判断出上司的真实意图，是否如他所说的那样相信你，视你为心腹。如果你发现上司在和你交谈的时候，无意中以手揉眼（除非是迷了眼或疲惫困倦），或者眼睛看着地板，双眉却上扬，或者头歪向一边，微微向下，或者嘴唇紧闭，嘴角露出很勉强的笑容，这些动作明显代表着消极的态度，说明他所言不实，心里没有他表现出来的那么诚恳。

如果上司不信赖下属，他一般不会对你委以重任，如果他工于心计，可能会做足表面功夫，装出一副信赖你的样子，或许会说出那些让你激动不已的豪言壮语。如果你不折不扣地相信上司的话，当有一天你识破那是一句假话时，你所受到的打击将是异常沉重的。

那么，如何才能知道上司是否信赖自己，对自己的信赖程度又有多高呢，这就需要你运用自己的观察能力，通过一些方法和技巧巧妙地洞察一番了。

如果上司对你说："这些全靠你了"，"好好干吧，我看好你哦"，"我对你有信心，你的想法如何呢"，你最好艺术地验证一下。比如，你可以向上司提出一些建议和意见，看他是否采纳，或者主动揽一些工作，"扩张"一下自己的工作范围，如果上司一直保持一种笑容满面的接受姿态，并且默许或者明确答应你的请求，这表明上司对你是很信赖的。

如果上司本来微笑着的脸突然变得很阴沉，平摊在桌子上的双手抱回了胸前，眉毛也拧在了一起，而且自此之后不再说"一切全靠你了"、"你办事，我放心"之类的话，而是丝毫不考虑你的建议，甚至对你采取一些措施，比如把你的位子架空、缩小你的工作面等，就说明他打心眼里就没有信赖过你。

如果事情的结果是前者，你也不必因为上司这样说了就沾沾自喜、忘乎所以，而是应该宁可认为自己远未受到上司信赖，然后更加努力工作，以争取真正的、更大的信任。就算事情的结果是后者，也不要产生自卑感，失去工作干劲，甚至连不多的自信心也一扫而光，更不需要用"原来他这个人是这样"的话来指责、鄙视上司，你应该知道这本来就是作为上司激励下属的一种"为官之道"，你所真正应该做的事情是更加努力地充实自己、表现自己，逐渐增加上司对你的信赖感。

就像英国著名的职业顾问赛恩博士提出的建议一样："首先你要消除成见，不要以为上司故意针对你，须知上司对你根本谈不上什么深入的认识，他又怎么会无端不喜欢你？他们可能对所有下属都是如此，你应该学习如何与上司相处，慢慢地让他发现你的好处。"

财富之道——必须比客户"棋快一着"

既然在一举手一投足中，人们就可以发送或接受各种信息，那么，你完全可以利用客户不同的身体语言与之进行卓有成效的沟通。客户自然流露出来的身体语言，点头、扬眉、耸肩、摆手等，其实都含义无穷。客户一个无心的眼神，可能意味着他想提前结束谈话，如果你恰到好处地借口离开，他会觉得你格外善解人意；客户一个不经意的皱眉，可能暗示他对你的介绍略感不满，假如你能立刻根据客户提示调整谈话方向，他会觉得你既识大体又懂变通。想拿下客户，就必须比他棋快一着。

1. 他不喜欢你? ——透过腿和脚的姿势分析客户态度

销售代表何明跟公司的老客户米总已经认识很久了,彼此十分熟悉。有一次,他跟米总约好了一个时间,准备拿一些新的样品给米总看。他按照约定好的时间准时出发了。谁知道走到半路的时候,才发现手机没带,但那时候已经快到米总公司了。他想反正彼此也是熟人了,不打招呼直接去应该不会太过失礼。

没想到,就在他进门前三分钟,米总接了一个电话,说是米总的父亲从云南过来看他了,他必须立即启程去机场接机。

何明敲门进去的时候,米总已经收拾好东西,准备离开了。米总给何明打了电话,但那个时候何明已经快到了。米总想简单看一下也不会耽误太长时间,就重新坐回到办公椅上,看起了新样品。突然他发现了一些新的设计,这些新设计不是一时半会儿就能解释清楚的,他一着急,不自觉地抖起了腿。

本来何明是坐在办公桌一边的,这时候他要站起来给米总讲解一下,突然,他从办公桌的侧面看到了米总的腿部动作。他当即就明白了米总现在一定有什么事情需要处理。他又看了一眼放在办公桌上那个收拾好的小皮包,更加确信了自己的猜测。于是他放下手里的资料,说:"米总,您是不是有什么急事要办啊,我是不是耽误您时间了?我们的事情改天谈也可以,您先忙您的。"

米总如实说了自己的事情。何明赶忙道歉。米总随即就站了起来,说:"那我们就改天约个时间再谈。今天让你白跑一趟了。"

尽管腿和脚距离人的大脑比较远,但很多时候反映的确是最真实的心理状态。如果你能够捕获他人腿部的动作,就能发现客户潜藏的其他信息。

和身体语言的所有其他信号一样,腿和脚也有着自己的习惯动作和特殊语言。而且根据英国心理学家莫里斯的研究,人体中越是远离大脑的部位,其可信度越大,也就是说,人的腿和脚做出的动作,更能真实地反映一个人内心的态度。通常人们在交流的时候总是看着对方的脸,因此很多人都会有意识地控制和掩饰自己的内心情绪,不让它从面部表情上表现出来,但很多时候会忽略对腿和脚的控制,于是腿和脚就没有学会撒谎的本事。

在腿和脚语中,最能表示出一个人心理状态的代表性动作就是抖腿。从生理学的角度上来讲,身体的某个部分完全不使用的话,就会影响该部分的血液循环,如果一个人长时间坐在椅子上,腿和脚就会感到不舒服,甚至产生水肿,因此在自觉不舒服的情况下,人就会在无意识中让没有使用的部分动起来。在心理学方面,其实也有类似的意思。当心理长期处于某种状态下时,比如紧张、焦虑,人就会对这种状态产生不适感,从而作出某种反应。当人坐着的时候,就会用身体语言来传达这种反应。

比如说,当一个人心理焦躁不安或对某件事情不满时,就会频繁抖腿。反过来说,如果一个人频繁抖腿,就说明他精神紧张或焦躁不安,心理上的刺激促使他作出了具有代表性的反应。

"腿和脚语"除了能够反映一个人的情绪外,还能够表现出一个人的性格品质。比如说,一个看上去很粗犷的男人,如果走起路来却小心翼翼,基本上可以断定这个人外粗内细,实际上很精明;而那种走起路来大步流星的人,一般比较开朗、直率;走路稳重的人,一般老成持重。

很多人在谈话中,都不愿意把内心的焦躁不安明显地表露在脸上,或身体其他部位的大幅度动作上,往往会通过离自己大脑最远的部位来表达,比如轻轻地摇动腿部或抖动脚部等动作。因此,可以说盘起来、架起来、伸直、并拢、抖动等各式各样的腿和脚的动作,都能体现出动作发出者的个性或当时的心情。

其实不论坐着还是站着,腿和脚常常会呈现出三种最基本的姿势:一是两腿分开,通常表示的意思是稳定、自信,有接受对方的倾向;二是两腿并拢,这种姿势有时候看上去过于正经、严肃和拘谨,比如立正、正襟危坐,虽然看上去郑重其事,但同时也把自己紧张、压抑、不舒服的感觉传递给了对方;三是两腿交叉,这是一种防御性姿势,往往会给人以害羞、忸怩、胆怯或者随便、散漫、不热情、不融洽等印象。

一些心理学研究发现,如果一个人的情绪高涨,身体会不自觉地做出背离重力方向的动作,比如说脚尖着地、脚跟抬起或者脚跟着地、脚尖抬起,都是情绪积极的表现;相反,如果人的情绪不高,甚至兴趣全无,身体就会不由自主地横向移动,或者干脆选择离开。

心理学家认为,脚部转动的方向,尤其是脚尖的方向,是表明对方是否想要离开的最好信号。在与客户交谈时,如果发现客户的脚已经不再对着自己,而是向另外一个方向转动,或者是指着门的方向,这往往意味着他想要离开了, 你就应该识趣地意识到这其中可能出了什么问题,不要再继续"麻烦"他了。

美国心理学家罗伯特·索马通过实验证明,当一个人被过多地侵入内心世界时,最初的拒绝方式是频繁地踢脚尖。如果你发现你的客户开始踢脚尖了,你就应该清楚,对方已经开始心不在焉,甚至是开始抗拒和拒绝了,这时候你最好转换话题。

如果客户不断地晃腿或者用脚尖点地板, 这是在向你发出警告:不要再过来了,否则别怪我不客气。那么,你就应该保持这个距离不动,不要继续侵犯他的"领地",与其步步紧逼,不如给客户一个安全范围圈。

如果你发现客户一只脚的脚跟搭在另一条腿的膝盖上,就应该明白此时客户正在抱着不服输或者争胜的态度, 说明你的推销或者解说,还没有打动他或者他还没有完全理解。因为这是一种能够体现一个人自信和地位的姿势,同时也能显得放松,尤其是男性客户,更喜欢摆出这样的造型。

2. "你很像他"——适度模仿客户的体态或动作

一对夫妻来到马自达4S店看车。一位销售员负责带着他们挑选。一开始的时候,先生一只手插在口袋里,另一只手拉着太太随着销售员往前走。

终于，他们在一辆红色马自达6前面停了下来。看来先生是买给太太的，但从他们的言谈举止中，销售员推测出，太太还是比较听先生的意见，因此他决定从这位先生入手，"拿下"他就等于说服了这两个人。

这时候先生松开了太太的手，跟销售员探讨起了这款车的性能特征。正在这时，销售员突然发现了先生的一个很有规律的举动：当他表示肯定的意思时，手就会不由自主地向下一劈，好像作出了很大的决定的样子。他暗暗地记住了先生的这个动作。

在这辆车跟前，两个人热闹地谈了半个小时，还打开车门，让两个人感受了一下新车。等两个人从车里出来，销售员问："请问，林先生，基本的情况您都了解了，您对这款车的感觉如何呢？"先生说："这个车看上去挺好看的，坐到车里感觉也不错，而且我本人也挺喜欢这个牌子的，只是我觉得这个价钱有些贵了。"说到这里，他又做了那个习惯性的动作。

销售员说："林先生，这个价钱在全省范围内已经是最低的了，真的没有办法再低了。一定要这个价钱！"他一边说一边模仿林先生的习惯性动作，用同一条胳膊用力地往下劈了一下。先生想了想，说："好吧，我就要它了。"当销售员比划那个动作的时候，就好像是那位林先生对自己下命令，是他自己作出的决定一样，无法更改、无法反驳。你在面对客户的时候是否也模仿过客户的特殊动作呢？效果又如何？

当一个人做出某种身体姿势时，你有三种选择：一是视而不见，忽略不计；二是做出不同的身体姿势；三是照猫画虎，有样学样。毫无疑问，在这三种选择中，只有第三种反应能够让对方感到自己被接纳。这种刻意的模仿能够建立一种彼此之间交往的纽带。

这种有意的模仿，是你向其他人传达好感的最显而易见的方式，能够让别人便捷地感受到你的善意。通过模仿别人的身体语言，很容易就能得到别人的认同。

比如说，一位老板想要与一个神情拘谨、心理紧张的下属建立亲善关系，并且营造出轻松愉快的交流氛围，就可以模仿这个员工的身体语言，往往能够很快地达到目的。举例来说，一个老板如果想知道基层员工的想法,最好的方式不是坐在办公室里面对面的交谈,而是走到员工中去,甚至端着碗蹲在地上,跟员工一起吃饭,这样才能更好、更快地融入其中。

客户多种多样,绝对不可能是一个模子里刻出来的,他们在思维模式、行为方式、待人接物、讲话速度等方面都存在着种种差异。可以想象一下,如果你和客户性格迥异,交流方式不一,客户很明显就能感觉到你们两个不是一路人,估计聊不上几分钟,你就可以打道回府了。

了解到这些以后,你就应该学会在和客户交流的时候,通过模仿他的手势或姿态,来影响他对你形成的印象。你的模仿行为会带给他人宽容而放松的心态,他能够通过你的"模仿秀"了解你的态度,比如尊重他、认同他。

一个客户一个类型,如果想要和每个客户都能相处融洽,就必须找到一把打开对方心扉的钥匙。这把钥匙是什么呢?一定是双方的共通之处。除了共同的话题、相似的爱好,最有效的就是对等模仿——与对方在行为、姿态等方面保持较高的同步性,在频率、气氛上达成一致。

模仿客户的身体语言和声音语调,是与之快速建立友善关系的有效方式之一。但是,对于一个陌生的客户,最容易模仿的,不是肢体上的表现,而是声音,或者语调。简单地说,就是要配合客户的讲话声音和速度,如果客户说话声音大、语速快,你也要提高音量,加快说话速度;客户对你表现得非常热情,你也应该对他充满激情。当你和客户讲话的声音和速度一致的时候,客户就会觉得你很像他,自然他就会喜欢上你,之后的销售过程往往就会水到渠成。

其次,你还可以模仿客户的身体语言。比如说,当你第一次见到客户的时候,就可以模仿他的坐姿、体态、手势、表情,甚至是身体朝向的角度,特别是一些人在讲话的时候常常会附带连他自己都不曾发觉的习惯性动作,这样模仿下去,不久之后,他就会感觉到,在你身上有一些很熟悉、很喜欢的东西——那完全是他自己的行为模式,他自然会觉得很熟悉、很喜欢,一个人怎么可能不熟悉自己、不喜欢自己呢?而且这时候他会把你描述成为一个为人随和的人,尽管你未必如此,这是他在你身上看到了他自己影子的最终效果。

事实上，开头那个汽车销售员之所以可以跟那位"林先生"立刻成交，就是因为他模仿了"林先生"的标志性动作。因此，在你跟客户谈话的时候，不妨注意一下他是否有什么比较特殊的习惯性动作，然后开始学他，并在节奏上保持一致，甚至连呼吸的速度都要跟他一样，脸上的表情、说话的速度等都是如此，一定会让他莫名其妙地就喜欢上你。因为你在行为上跟客户相互呼应，让他在心理上对你产生了一种认同感。

不过，尽管说对等模仿能够给你带来丰厚的回报，让客户很快"爱上"你，但是，你在使用这种杀伤性武器的时候，一定要注意两点：一是当客户做出表达消极情绪的身体语言时，你绝不要盲目地模仿，那等于是一种讽刺性很强的取笑行为；二是不要让你的模仿痕迹表现得过于明显，尤其是他的习惯性动作不太雅观的时候，那样无疑是在嘲笑他。